U0040753

MANAGER

總經理解密

主管學

全方位主管職場實戰

遠傳電信副總經理、數聯資安總經理

郭憲誌 著

身為三明治主管：

老闆朝令夕改，有沒有辦法預防？
遇缺不補、人力吃緊怎麼分配工作？
同事在閒聊，想湊兩句卻一哄而散？
只要換個思考角度，就能迎刃而解！

目錄 CONTENTS

2 CHAPTER 業績的設定與達標

Part II 建立制度，帶好團隊

3 CHAPTER 主管的領導力

4
CHAPTER

團隊的建構與激勵

Part III 組織協作，持續變革

5 CHAPTER 組織管理與溝通

6

CHAPTER

變革的時機、策略與執行

目錄 CONTENTS

Part IV 增強能力，拚上高位

7 CHAPTER 人際關係與個人競爭力

8 CHAPTER 職涯發展

各界推薦

對於經營管理，我最佩服是有實戰經驗，而且都站在第一線帶領團隊一起奮戰的經理人。郭憲誌先生就是這樣的領導者，所以我相信他的主管學絕對是最接地氣，他的分享也必然精彩動人。

——丁菱娟／新創及二代企業導師

在科技業界，郭總經理領導的團隊總生氣勃勃地為產業注入新思維。書中他以豐富的領導經驗，多面向分享管理要領，深入淺出帶出實戰體悟。成熟的經營管理本須許多時間累積，郭總經理的經驗分享可為主管或以主管為目標的人，帶來更多學習與成長。

——孫基康／台灣微軟總經理

每次閱讀憲誌的管理專欄，總會有新的發想與學習，透過他豐富的管理實務與紮實的邏輯思考，搭配故事性的陳述方式，將每個管理情境做清楚地表達，最後給予建設性的分析與執行做法，真的讓閱讀大眾受益良多！從個人的成長與人際互動，到團隊的制度建立與績效評估，皆可在閱讀後獲得啟發與具體建議。常有人說：「管理是一門藝術。」但我相信在憲誌的智慧結晶之下，一定能讓讀者的功力瞬間提升，科學化管理團隊更容易上手！我真心推薦這本難得的大作！

——陳志惟／台灣思科副總裁暨總經理

自序
PREFACE

帶領團隊，是最平常也最困難的工作

我以從事業務銷售工作開始進入職場，三十年的職業生涯中，有超過三分之二以上的時間是擔任主管職，從僅帶領兩位業務同仁開始，到領導數十人、數百人規模的團隊，目前我的工作是遠傳電信企業用戶策略業務發展處副總經理，並兼任子公司「數聯資安」總經理。

回想自己的職涯發展，帶領團隊看似是最平常的工作但卻也是最困難的，而且還必須不斷學習與面對挑戰，因為隨著不同世代的年輕人不斷加入，新的科技、新的思維、新的流行文化、新的價值觀和新的工作態度，促使我也必須不斷精進與調整自己的管理方法。

從基層的業務主管、行銷管理、通路發展、大型企業客戶，一直到產品開發管理及策略發展，我的職涯中帶領過許多不同性質的團隊，也曾遭遇許多工作上的瓶頸和挑戰。幾年後，回頭檢視自己因應困難和挑戰的做法，才赫然發現其實我走了許多冤枉路！因此希望能夠將自己的經驗彙整起來，提供給有志於管理工作的讀者作為參考。

我將自身的實務經驗分成四個階段：「業績」、「團隊」、「組織」和「個人競爭力」，分別將如何**領導業務衝鋒陷陣**、**建立制度並帶領團隊成長**、**發展組織與跨部門協作**、**建構朝向高階主管邁進的能力**等四個面向，用五十六個實際的例子和解答來分享我的經驗。

本書中描述的案例都是取材於工作中遇到的真實狀況，因此我所提出的解決方法與應對建議，也仍是我目前提供給同仁實作的方法。特別是在第一階段的「業績」，書中提出的業績目標訂定與追蹤、業務人員管理等方法，都經過長期的實務操作與修正調整，我所管理的團隊，到目前為止也持續以這一套模式在運作。我在長期的業務工作經驗中獲得一個結論：**沒有落實的管理，就不可能有好的業績**。業務主管的管理方法對了，業務團隊的業績才有可能達標！

而第二至第三階段，我以自己在擔任諸多不同層級、不同性質的團隊主管期間曾遇到的領導問題，特別是在於以「人」為核心所衍生的挑戰，嘗試分享如何建立起「單一團隊」和「跨團隊的組織」。這個部分我將環繞著如何順應「人性」來解決問題，因為過去三十年的經驗讓我深刻理解到，**只有解決了人的問題，組織才能夠有高效率的成長**。

所有主管最終的目標當然是想成為執行長（CEO），但是在你邁向職場巔峰的過程中，會有無數的試煉等著你。高階主管的工作其實並不如一般人想像的容易，我們必須有學習專業能力以外的「情緒智商」、「政治智商」、「向上管理」和「願景發展」的能力，而這些也就是本書最後一個階段的重點。

自我的第一篇文章於二〇一八年在《經理人》月刊網站刊出後，兩年來不斷有朋友問我為什麼能有時間撰寫文章投稿？其實，這近十萬字的文章都是犧牲無數個週末夜晚所換來的，如同二〇一二年我重回校園進修，並以六年時間取得碩、博士學位一樣，我相信所有的成果必然是累積獲得才實在，擔任主管帶領團隊也必須不斷督促自己進步，不能停下腳步。我每週耕耘於電腦鍵盤之上，同時在兩本國內最重要的商管雜誌（《經理人》月刊與《商業周刊》）的電子網站上撰文分享，得到許多讀者的熱烈迴響，我真的由衷感謝！藉本書付梓的同時，我要感謝《經理人》月刊齊立文總編輯、吳孟純主編、韋惟珊主編，《商業周刊》林易萱主編、黃楸晴編輯、洪婉恬編輯，商周出版陳美靜總編輯與鄭凱達副主編等人的費心與協助，因為你們的熱心與專業，才讓我至今仍能手不輟筆，也才能完成本書。

當然，本書的內容是工作經驗的積累，要感謝家人長期以來對我專注於工作的支持與包容，特別是內人陳蘊芳老師的協助和共同討論，書中諸多解決方法的邏輯因此得以更清晰與具體。希望透過本書能夠為新進主管們提供團隊領導的參考方法，並祝願所有讀者能在職場上順風前行、稱心如意。

I

PART

領導業務，衝出業績

1

CHAPTER

發揮業務戰力

01 ▼ 讓菜鳥業務快速上手的三個方法

高手難管，菜鳥難教

業務主管可能都遇過這種狀況：面試的時候，對方信誓旦旦說有兩、三年的業務經驗，可是報到上班之後，卻像個什麼都不會的菜鳥。能順利找到有經驗又肯努力的好業務，真的是像中樂透一樣幸運！

另一方面，部門裡的業務高手（top sales）總是抱怨公司制度太多、太繁瑣，搞得自己很難一視同仁地要求大家遵守規則。如果無法讓菜鳥業務盡快提高業績，就只能在窘境中辛苦追趕業績。

新人對組織要有認同感

根據我帶領業務團隊的經驗，新人報到後平均需要三至六個月才能弄清楚公司的規定，甚至要花更長的時間才會完全融入組織。在此之前，他會不斷嘗試學習並尋找自己在組織中的「定位」，或許還不確定能否在這家公司安定下來，也可能還在猶豫是否要去嘗試其他工作。

讓新人快速融入並決定留下為組織打拚，可以減少資源虛耗與浪費，但多數企業不願意花力氣培訓新人，因此不斷在高流動率中耗費時間與資源找人！

其實，新人最需要的不是公司龐大的資源，不是響噹噹的品牌知名度，而是對公司的「認同感」。唯有對組織有強烈的認同感，才會真誠地為這個組織付出，熬過充滿挫折的「菜鳥」階段。

不培訓新人，將無才可用

很多公司不願意好好培訓新人，因為擔心投入大量資源後不見得能留住人，反而淪為幫別家公司做新人訓練，所以想直接找有經驗的業務人才加入。但有經驗又優秀的業務，當然也會不斷挑戰更好的公司與更高的薪酬，公司如何能夠留住所有的業務好手？

如果公司因為流動率偏高，就採取讓新手業務「自我成長、自然淘汰」的方式，最終只會剩下「留下來」的業務，而沒有「能力強」的業務。當公司快速成長或遭遇瓶頸時，因為沒有能力夠強的人才，將會很難對業務團隊進行調整與變革。

讓菜鳥業務快速上手的方法

要避免上述的困境，並且讓新人對組織有認同感，迅速成為能帶來貢獻的頂尖業務，前六個月的「黃金塑形期」絕對是關鍵，以下有幾種不同的做法提供業務主管參考。

一、找「對的人」，而非只是符合標準的人

每個公司徵才時總是會訂定用人的「標準」，例如運動器材內銷業務人員的職缺，你最重視哪個條件？年齡、性別、學歷、外語能力，還是業務經驗？如果是我的話，我會問應徵者是否熱愛運動，並且優先錄用熱愛運動又喜歡我們公司運動器材的人。

如果你的公司是跟企業做生意（B2B），例如電子零組件外銷，除了基礎能力以外，建議

優先錄用個性外向、喜歡旅遊、對電子產業具有熱情（對產業訊息相對熟悉）的應徵者。

二、培育「忠誠士官長」，協助新人融入組織

業務團隊就是衝鋒陷陣的作戰部隊，每個驍勇善戰的部隊中，必然擁有至少一位可以承先啟後的資深人員，這樣的角色應該隨著團隊規模擴張而增加數量。

所謂的「士官長」不一定是業績最好的業務，但一定是有團隊精神、對於公司有忠誠度且高度認同的員工，他會孜孜不倦地傳達公司的核心價值、產品優勢給新人，主管應該持續培育這樣的「新人導師」，讓他們協助新人快速融入公司。

三、舉辦分組競賽，制訂加權制度

當一批新人加入團隊時，主管可以仿效部隊的小組作戰方式來編組，透過分組競賽及加權制度，讓新人可以在組織中找到具體的歸屬。

舉例來說，主管底下有十個業務員，建議分為二到三組，每組至少有一位新人，進行組別之間的業績競賽。新人的業績表現可以得到額外加權（成交金額乘以一．五計入小組業績），藉此鼓勵各組接納菜鳥，甚至幫助菜鳥提升業績，進而贏得小組的業績競賽。

唯有持續成長的業績能夠維持企業的獲利，而唯有穩定的獲利才能夠使企業保有高度的競爭力，就因為業績成長如此重要，所以企業必須建立一套建構業務團隊的良好機制，特別是在於新進人員的「選」、「用」、「育」、「留」，並讓新手業務能夠迅速由菜鳥蛻變為業績高飛的鳳凰。

02 業務絕不能犯的三個錯誤

家豪正對著經營團隊報告當月業績狀況，手機卻不斷震動，他發現五通未接來電都是來自同一個號碼，只好先以簡訊回覆：「會議中，稍後回電。」沒想到對方立即來電，家豪只好接起電話。電話的另一端連珠砲似地說道：「嗨，家豪，我知道你在會議中，你聽我說就好！我的報價單已經重新修改過並寄給你了，這個價錢真的已經是非常特殊的優惠。」

家豪沒聽他說完就回說：「我會盡快看，再回你！」並掛掉電話，心裡卻是一陣不高興，決定不跟這位業務往來。這位業務人員可能無法得知，為什麼他這麼積極又給了非常大的價格折讓，但卻徹底地失去了這個機會？

過度跟催就是業務人員最常犯下的錯誤之一！如何讓客戶感受到你服務的親切與積極，但卻不會造成對客戶決策的負擔與困擾，這就是跟進一個客戶（order follow up）時最重要的拿捏。

多數的業務銷售從可能的商機（sales leads）到成為真正的訂單（real order），大多會有一個客戶評估與比較的過程（purchase decision process），這個過程除了比較規格與價格外，有一個非常關鍵的決策影響因素就是銷售人員本身。因為銷售人員就是代表提供商品或服務的關鍵人，一旦銷售人員犯了以下的錯誤，就算客戶非得使用這個商品或服務不可，也會嘗試找到其他人來提供。

錯誤之一：缺乏誠信

信任是一切交易與商業行為的基礎，特別是對於產品服務及價格提供的分析比較，業務人員作為客戶信任的採購顧問，就應該誠信且客觀地提供分析。

切忌對自家產品隱惡揚善，或是誤導客戶對於市場行情的認知，導致客戶購買的商品或服務價格偏離市場行情，類似的行為將直接失信於客戶，從此再無交易的可能。

錯誤之二：站在客戶的對立面

當業務人員沒有設身處地為客戶著想，就會做出錯誤的行為，例如：餐廳的服務人員推薦過量的餐點或不符客戶需求的高價菜色；或是不斷強調自家產品的優勢，卻從未瞭解客戶真正的需求；甚至是缺乏體貼客戶的態度，時常在不適當的時間聯繫客戶，徒增客戶的困擾與壓力，反而斷了日後可能有的更多商機。

因此，業務人員的職責雖然是銷售商品，但若無法為客戶著想，你和客戶之間就只會有相互對立與較勁的盤算，亦或是報價和殺價的簡單互動而已！

錯誤之三：無法提出滿足客戶的差異化

當市場競爭達到一定程度，商品的功能和價格差異不大是必然的現象，但是如何能在同質競爭如此激烈的情況下凸顯差異化呢？其中最重要的關鍵就是：「聆聽」！許多業務人員最容易忽略這個重要工作。唯有耐心瞭解客戶的想法與需要，才能在大同小異的產品中找出最符合客戶想法的組合。

除了提出符合客戶需求的差異化，業務人員還應該避免惡意中傷競爭對手，這個行為往往會誘發客戶去求證你的說法是否屬實，當客戶發現你的不誠實，情況就會如同第一項錯誤一樣，從此失去信任而不再有機會。

將顧客當成自己的朋友來建議

好的業務人員除了具備良好的產品專業知識外，更重要的就是擁有體貼顧客的態度與心思，時時從顧客的角度思考如何提供客戶決策需要的資訊，不形成壓力或是干擾到客戶的判斷，又能夠在確實理解客戶的想法之下，迅速提供最適當的建議。

就像提供建議給自己的好朋友一般，讓你的朋友相信：「不是最適合他的商品，你是不會推薦給他的；建議給他的產品一定是最好的，即使這不是你的商品！」在這樣的信賴關係之下，任何業務都不必擔心客戶會毫無原由地離你而去！

03 ▼ 扭轉「營收增，毛利低」的接單困境

德華看著電腦上的電子簽呈系統，心裡面盤算著究竟要不要核准這個專案：從營運部門附註的意見看來，這個案子的毛利已經貼近底線！如果稍有閃失或是專案管理的工作沒做好，整個案子的利潤都會被合作的分包廠商吃光，反而擔任主要承包商的我們，會毫無利益可言……。

與中介廠商大量合作，隱藏一個管理問題

這幾年，德華的部門面臨極大的業績成長壓力。業務為了要滿足業績目標，大量與中介廠商合作。這些中介廠商規模不夠大，不具投標資格，或是不想承擔管理風險，就會把案子引介給德華的業務，由他們出面擔任主要承包商，中介廠商扮演分包商的角色，不必擔負太多風險，穩穩拿到下包的工作。

問題一：業務逐漸喪失開發案源的能力

這種合作模式在系統整合（system integration）產業中十分常見，但對德華來說，**自家業務「過水」案件做多了，業務人員會產生依賴性，逐漸喪失自主開發案源的意願及能力**。透過中介廠商找來的案子，業務省下許多跟進（follow up）和確認規格（spec in）的過程，更不必花時間經營客戶關係、交流技術，因為這些工作多數都已經被價格因素給模糊掉了！

主要的關鍵就是中介廠商已經先跟原廠報備取得優先出貨權，雖然客戶由德華的公司出面承攬，只能再統包給中介廠商，或跟中價廠商購買關鍵的設備。因此，只有客戶價格殺得凶的案子才會轉過來，而利潤夠或是需要較多技術支援的案件，仍舊會被留在中介廠商的手上。

問題二：有營收卻沒利潤

一旦德華允許這樣的業務型態長期存在，甚至占一定的業績比重之後，公司營運將面臨很大的挑戰。**因為這些業績有營收數字，卻很難貢獻太多獲利，最終形成帳面亮眼但沒賺到錢的情形**，當公司要對此進行改革時，還會面臨業績驟然下降、業務人員流失的雙重風險，以致於許多企業躊躇不前，因而喪失改革的先機。

突破中介廠商影響獲利的枷鎖

上述的情況，常常發生在企業需要轉型及業績成長壓力較大的階段。當原本擅長的本業或是核心產品成長力道不足時，急需新的業績來源，才會考慮與中介廠商合作。要突破以上的困境，主管可以採取下列幾個做法。

一、改變業務通路，降低中介商比重

調整業務的接案規則，用「制度」控管降低中介廠商轉介案子的比重，例如：提高對轉介案子的毛利要求，毛利低於標準的案子不允許投標，或不計發業務獎金。另外，凡是有特定下包廠商的案子，須先議定下包合約才能決定是否投標，避免得標後不能更換廠商，卻又無法議得合理的下包價格。

另外，**可以鼓勵業務自行開發業務來源**，給予這些案子較高的獎金，像是利潤越高的案子，獎勵越大，或是自有產品與服務的占比越高，獎金權重越高。這樣能**使得業務無論自行接觸客戶或是透過中介商開發客戶，都清楚意識到公司利潤及掌握客源的重要性**。

最終，趁著公司轉向銷售新產品與新服務的同時，迅速建立相關技術與服務能力，避免業務

以技術支援能力不足為理由，持續仰賴中介廠商。

二、建立追蹤系統，管控風險

從長期的布局考量，**公司要建立完整的客戶資訊管理能力**，才能知道哪些客戶值得持續投入、哪些客戶在特定時間應做適當的跟進與聯繫，或是某些特定情況下應該保守以對，避免造成公司不必要的風險和損失。

另外，**每個執行完成的專案或是客戶交易，都應該有適當的追蹤檢討（post tracking），以檢視業務提案與實際執行的成效**。這不僅是檢討業務和專案團隊的績效，也是在累積對此客戶的信用資訊。

對專案型態的業務而言，真正的風險都發生在最後驗收階段。因此，每個專案的完工驗收紀錄，必須忠實寫下驗收時程是否準時？是否減價驗收？減價／罰款金額占比為何？固定蒐集這些資訊，才能做數據化的管理。

三、培育銷售新血，扭轉團隊價值觀

如前述，企業在本業遭遇困境、尋求轉型時，最容易會有業務被中介通路把持的風險。企業必須警覺到，這個階段還有進行變革的本錢，一旦這種情況持續一段時間，公司體質將會受到嚴重的侵蝕而無力再做改革。

想要變革，除了採改善業務通路的做法，還要同步培育銷售新血，以因應變革後造成的業務人員流失。另一方面，也可以透過新人培育，為團隊建立新的價值觀，與中介廠商徹底切割，不再有依賴行為。

總結而言，管理者必須理解企業轉型可能遭遇的風險。**不可一味地追求數字成長，而忽略了健康獲利及累積核心競爭能力的重要性。**

04 用制度避免簽下不利於公司的合約

美惠：「為什麼這一份合約沒有附件說明？實際要測試的項目也不清楚。」

嘉凱：「這個客戶是我們十幾年的老客戶了！每年續約都這樣簽的啊！」

美惠：「那每一個項目的測試細項也沒有寫，做到什麼程度算完成呢？」

嘉凱：「老闆，因為是老客戶了，他們一直催我們簽回合約，說急著要在月底前完成測試報告，我實在拗不過，也怕得罪這個窗口，所以才會答應這些條件。」

美惠：「那現在怎麼辦？客戶這一次實際需要做的細測項目，遠超過你原本的預估！你這個案子肯定是要賠錢了！而且月底是否能趕出報告，還不知道呢！客戶的要求被延宕了，他的信譽我們賠得起嗎？」

一段沒有結論的對話，就在美惠和她的業務主管嘉凱之間凝結住了！因為嘉凱明顯從老闆的眼中看見尖銳又寒氣逼人的眼神，其心中的怒氣令人不寒而慄！

是什麼讓你簽下不對等合約？

其實，每一個有實務經驗的經理人應該都清楚，當我們的角色是賣方（乙方）時，當然會爭取買方（甲方）的訂單，但是毫無行情或是違背常規的要求通常不會被接受，所以即使易地而處，我們自己也不會輕易提出過度不合理的要求。

多數所謂的「不合理要求」、「不對等契約」，都是肇因於買賣雙方對於這一次交易存在著「錯誤的期待」，而且透過雙方的交涉，也沒有清楚地做約定所造成。

但在什麼情況之下，締結交易關係、進行合作的雙方會發生這些「認知的偏誤」呢？從研究上發現「認知偏誤」多數是受到心理學上所謂的「心理捷徑」所影響，其觀點是：人類大腦為了增加決策與判斷的效率，會自主產生一些處理資訊的規則，而這些規則也稱之為「心理捷徑」，而這些「捷徑」就是偏誤的來源。

常見的決策或信念上的偏誤，例如「從眾效應」：對於多數人相信的事，自己會很自然地也相信；又例如「難易效應」：人容易高估自認為困難之事的難度，但卻低估自認為簡單之事的難度。

所以，組織中的許多工作，如果沒有透過制度有系統地進行管控，非常容易會因為執行者的

「認知偏誤」而造成無法有效控制品質的狀況，尤其是在行銷業務、專案管理、售後服務等這一類必須面對面接觸客戶的工作。因為人的主觀判斷容易受到接觸對象的不同，或是處理事件的不規則、缺乏標準所影響，而造成品質不一致或自以為是的現象。

該怎麼終結「不合理要求」的夢魘？

根據前述，要讓企業經營避免落入總是會有不合理要求的夢魘，最好的因應策略就是：「排除客戶認知落差」及「提升組織溝通能力」！而下列幾個具體的做法可以作為參考。

一、詳盡的產品規格與合約規範

無論是銷售產品或提供服務，最好的原則就是提供合乎法令規範且詳細的規格說明，讓交易雙方都能夠清楚理解；另一方面在締結交易的時候，應該依照雙方清楚的認知，詳盡地載明權利義務於合約中，如果因為交易需要會有合約修訂或是變更，專業的法務審閱程序一定不能省略。

二、該有SOP的程序必須遵守

有人認為標準作業程序（standard operation procedure，簡稱SOP）常會使企業變得缺乏變通、不易創新，但是許多關鍵的管控作業，不應該輕忽「標準作業程序」的重要性，尤其是牽涉到合約簽訂、產品／服務品質的控制，這些會影響公司利益及客戶體驗的重要事件，一定要有嚴格且清楚的規範。

三、授權制度的建立

對於公司對外的交涉與應對，應該制定清楚且可以嚴格執行的授權規範，如折扣的授權規範、合約審閱的規範等，為了避免因規範而使得決策速度變慢，可以採取分層負責、授權核准的機制。

四、落實客戶溝通訓練／應對經驗交流

凡是會接觸到客戶的相關部門，都應該視其接觸的方式、頻率、可能的締結內容等，進行充分的溝通技巧訓練，並且定期蒐集不同的客戶應對經驗作為訓練的參考，或是讓同仁進行經驗交

流。

比方說，客服人員編撰「答客問」（Q&A）、業務部門制定「議價與需求建議書（request for proposal，簡稱RFP）提案作業規範」、售前（pre-sales）落實「客戶需求訪談」，都能有效提升品質，降低因溝通不足而產生錯誤的認知。

五、懂得對客戶說「不」

無論是內部客戶或外部客戶，我們都應清楚地認知到，凡是不合理、不對等的要求，最終這樣的合作是不可能維持長久的，如果沒有互惠互利的基礎，即使今天勉強合作，最後也一定會無以為繼，或是不歡而散的收場。

因此，學習以共同創造「彼此」最大的利益，作為與客戶溝通的基礎，而不要以「便宜行事」、「截長補短」、「先做再說」這類投機的心態做事，懂得適時跟你的客戶說「不」，才是務實的成功之道。

逆向思考，誠信至上

多數人很難避免會有一些「認知偏誤」！為了讓我們自己不要落入這些慣性的錯誤中，最好的方式就是不斷練習以旁觀者的角度，檢視自己第一時間所做的判斷，並且能夠以不同方向去思考自己的決定是否無誤？

同時，當我們堅持「自己所答應的事，一定要說到做到」，那麼就不會輕易承諾任何事情，對於尚未弄清楚或是不確定能否做到的事，也就會設法先有把握再答應客戶。而這樣慎重且負責任的心態，其實就是讓我們自己脫離「奧客」不合理要求的最好方法。

05 ▼避免業務在組織內互搶業績的三個做法

業務主管志明一早進到辦公室，就接到客戶打來罵人的電話：「你們之前也賺太多了吧！」原來這個客戶一直都是由A團隊的業務人員在負責，前一陣子客戶來詢價，希望將之前購置的設備進行軟體升級，雖然已經進行好幾次的提案簡報與報價，但是客戶覺得太貴而遲遲沒有正式下單。沒想到，客戶透過私人關係企業向B團隊的業務詢價，竟然也拿到報價單，而且相同的規格與需求還比先前A團隊給的報價低了近一〇％，這讓客戶氣得直接打電話給A團隊的主管志明抱怨。

業務單位最怕發生「一案兩投」、「重複報價」，但這種狀況卻層出不窮，在業績壓力的壓迫下，許多業務逕行殺價搶單固然司空見慣，但是如果對自己家的既有客戶也採取競價爭奪，將會讓產品訂價與銷售策略形同虛設，身為業務主管絕對要嚴格禁止及防堵這樣的情況發生，在此分享我在實務上的三個做法。

做法一：落實客戶管理及統一報價原則

所有客戶資料與進行中的案件，都有清楚完整的紀錄，才算得上是管理完善的業務團隊，例如：正在進行中的銷售機會，一定要有完整的客戶需求與銷售進度紀錄，一旦進入報價階段，即應列入追蹤與管制。如果有客戶的關係企業與子公司提出相同的規格需求，或是既有客戶介紹的新客戶提出類似需求，都應該確實掌握與不斷地進行追蹤。

另外一方面，如果是對既有客戶進行延伸性的銷售或加購，所有的折扣權限應該有清楚的規範並嚴格管制，同時也應該在進行報價之後採取與前述相同的原則，確實地掌握規格需求與報價的對象是否具有關係。

總體而言，**業務單位對於「報價」的重視，是客戶對我們產生信任最重要的關鍵**，輕忽報價的重要性或是對於折扣沒有嚴格把關，最終招致的就是獲利不如預期及銷售無法達成目標。

做法二：專屬人員服務與專案報備管理

有些公司會採大型客戶僅限專屬業務人員服務的方式來確保品質，意即這個客戶除了專屬業務人員外，其他人進行銷售或進單都無法計入業績，這個制度可以避免業務之間的惡性競爭，但也會有一些缺點：

1.業務人員掌握優質大客戶，長期下來可能會缺乏持續開發新客戶的動力。
2.重要客戶掌握在少數業務手上，容易形成客戶被固定同事把持的風險。
3.大型客戶也會有比較微小、繁雜的需求，或是純粹服務性質的需要，單一業務人員容易有服務品質的盲點。

為了改善前述的缺點，針對大型客戶專屬業務的做法，可以採幾個方式加以改善：

1.為了鼓勵大型客戶的專屬業務深入瞭解客戶需求，可以採將「此客戶業績中的新營收（account new revenue）×權重（％）」的方式，來鼓勵業務深入經營客戶，提供客戶與公司的黏著度。
2.定期輪調大型客戶專屬業務，或以「大型客戶專屬業務小組」取代單一業務的做法，這可以同時改善上述第二和第三這兩項可能的缺點。

專案報備制度則多數用在進行中的大型專案業務，為了要避免「一案兩投」所造成的嚴重信用損傷，甚至在公部門的標案中還會涉及違反法律的風險，這類型的標案或大型案件，應該要有集中管理與過濾的機制。

任何重要的投標案件或議價的案子，都應該透過專案管理的方式列入管理，依照公司的策略決定該由哪一個部門或個人負責這些專案的執行，除非得到制度上具體的授權，任何人不能自行決定或以單一流程（沒有任何管制或其他人審核）就逕行投標或報價。

做法三：建立組織為先的觀念

事實上，要業務單位完全不會發生組織內的競爭是非常理想化的期待，而適度的競爭也有助於組織的活化與激勵，但如何避免小衝突變成不可收拾的惡性競爭？最重要的還是要建立完備的制度，包括前述的報價管控機制、客戶管理機制、大型客戶服務及大型專案的管控等。

更進一步而言，**該持續強化的是不斷強調「組織優先」的觀念與紀律，因為這麼多的作為都是為了讓組織獲利，唯有組織的利益極大化之後，身在組織中的所有成員才會獲得更大的利益，**如果組織中的每一個成員都只想著自己的利益，最終不但傷及組織的利益，自己也很難實現所希望達到的目標。

所以，無論是透過制度的規範，或是不斷地教育與灌輸正確的觀念，業務部門的主管都必須身體力行並且採取實質的鼓勵，去激勵願意以組織為先的業務同仁，如此這個業務團隊的競爭將會保持在良性的循環之下，而達成業績甚至超越目標將不會是難事。

06▼如何管理不遵守公司規定的業務高手？

俊傑是部門裡的老大哥，總是十點左右才拎著早餐走進辦公室，就算部門週會安排在早上，他也依然故我，老闆已經講了老半天他才慢慢走進會議室。同事也已經習以為常，甚至還會私下討論：「老闆不會修理俊傑的啦！沒有他，部門業績會少掉一大塊！」

不遵守規定的業務高手，會讓公司規定形同虛設，而部門主管頭痛之餘卻苦無良方來解決問題，這樣的情況在許多企業裡屢見不鮮，尤其在業務單位更是常見且棘手。

會有這種情況發生，關鍵的原因是：資深人員可能掌握了公司的主要客戶，或是少數的業務高手貢獻了一定比例的業績。一旦這些資深或是業績特別突出的業務人員不願意遵守公司的規範，就會成為管理上的難題，甚至長期影響業務部門運作的效率。

常見的狀況是出勤時間不準時、客戶拜訪紀錄不確實填寫，也可能是會議缺席或不參加教育訓練課程……，而這些同仁最常用的理由是：「我業績有做到就好了啊！」

但身為主管，如果默許少數人員不遵守規範，將會破壞團隊的紀律與自己的領導效力，讓制度與規範形同虛設，最後組織將會因此而無法有效運作。要克服這樣的管理難題，這裡提供三個對策讓主管們參考。

對策一：大風吹＋抽籤

大家在兒童時期應該都玩過「大風吹」遊戲，八個人參加卻只有七張椅子，一夥人圍著椅子繞圈並唱唸著童謠，在謠曲結束的瞬間搶占位子，沒搶到位子的人就會被淘汰，之後減少一張椅子再重複前述的程序……。簡單地說：**一個組織中如果有不積極參與的人，就會失去可以留下來的機會。**

因此，會議召開之前就通知所有參加的同仁要準時出席，並且會議室中放置的椅子，比應該與會人數少一張，如此一來，最後才進入會議室的人只能選擇站著開會（會議開始後，不允許再拉椅子進來）或是選擇不參加會議。因為不想站著開會而選擇不參加會議的同仁，下次會議就必須提出一個成功案例分享。

另一個做法是「抽籤」，針對每位同仁給一個顏色或符號作為代表，凡是無法確實遵守公司規範的同仁（例如未準時參加訓練課程或應交付的報告未完成），每發生一次就在籤筒中增加一個代表他的「顏色籤」或「符號籤」，在每月的月會中以「抽籤」的方式取出幾位爐主，犯規次數越多的同仁被抽中的機率越高，可以指定爐主擔任下次的個案分享講師，或是撰寫個案來充實公司的知識庫。

對策二：小組連坐法

將公司業務同仁分成二至三人一組，每個小組的所有成員都相互連坐，例如：A、B、C三人同組，當A無故缺席訓練課程或是報告未提交，B和C必須和A一起再參加一次課程，或是再提出一次報告。

簡單來說，一個組員未遵守規範而未完成工作，同組的夥伴即使已經完成也要陪同重複做一次，將同一小組的成員捆綁在一起，形成同事之間的相互要求與互助的關係。

要注意的是，**這個方法比較建議用在教育訓練課程或是業務專案執行上，避免使用在非常個人化的行政管理〔如出勤或銷售日誌（call report）填寫〕。**

對策三：無辜代理人制

大多數的「孤狼型」高手是經驗豐富但不喜歡被約束的類型，因為對產品或市場的熟悉程度無人能及，所以也不想要被繁文縟節或是不夠深入的訓練課程所羈絆。**這種類型的業務同仁若是採用前述的兩種對策，有可能會收到反效果而造成公司與同仁之間的對立。**

這類型的同仁大多個性獨立且具有俠義氣息，對於新進人員或業務助理會比較照顧。因此可以為他指定一個「代理人」，這位代理人可能是菜鳥業務或業務助理，當同仁未依規定完成工作時，代理人就必須協助完成。美其名是讓這位資深同仁有特定人員可以協助他，但實際上就是讓他的潛在人格特質發酵，進而讓他覺得過意不去，而降低不遵守規定的可能性，以免拖累他的代理人。

上述三個對策的重點都在於**讓公司的規定被落實與遵守**，可以視狀況採用或執行一段時間，當同仁養成好習慣並改善原有的問題後，就應該適度調整或回歸常態的機制。因為長期而言，培養和諧的團隊合作氛圍才是最好的對策。

07 讓辛苦培訓新人的投資值回票價

業務主管建宏看著業務發來的離職信，心裡面淌著說不出的苦水，這個業務是他從菜鳥一路訓練起來的，結果做了三年就被同業挖角。要他核准離職申請實在很悶，但是公司給的薪酬條件也沒辦法跟來挖角的公司競爭，不知道該怎麼辦才好。

當公司晉用新人擔任業務工作時，本質上就是一種投資。有可能會獲得超過預期的回報，但同樣也有可能得不酬失。公司不能有不切實際的期待，認為每位業務都會長期留任而不會流動。但是為了讓投資的回報率提高，可以在既有的機制中增加一些運作，以提高業務人員的留任機率，且能夠即時發揮戰力，為公司的投資產生更大的效益。

以下分享三個實務做法。

鼓勵多元學習，強化組織黏著度

公司對於業務的課程投資多數聚焦在產生績效，如產品的教育訓練、業務簡報技巧、專案管理方法等，這些都是必要也應該做的工作。但是針對組織長期發展，除了給予業務同仁專業訓練外，不妨也鼓勵同仁進行多元學習，例如：公司鼓勵同仁一起學習英文，或定期邀請外部演講（如心靈成長或個人理財），也可以鼓勵同仁在職進修並給予適當補助。

這些超越既有工作性質的學習，不僅可以讓同事關係緊密，也能提升同仁對公司的認同感與歸屬感。嘗試讓員工的教育訓練跳脫「指派」、「被動」而轉化為「鼓勵」、「主動」，讓學習不再是因應工作要求而是更能夠促進自我成長，同時組織的正向循環也能逐步增長，讓同仁與公司的黏著度隨之增加。

打造共同的價值觀和成就目標

一個團隊如果只有工作上的關係，能夠有的連結與互動也就侷限在公事上，但業務工作具有較高的工作壓力，同事彼此之間的相互溝通與經驗交流，是業務部門「團隊建立」（team building）很重要的環節，所以多數的業務主管會以部門聚餐或社交活動（打球、騎車、露營活動等）來增加團隊彼此的感情與交流機會。

除了這些方法之外，我更嘗試在部門中推動「共同價值」，例如：團隊同仁自由小額認捐一起認養貧童，也為幾次重大的震災號召部門同事共同捐款。另一方面，我同時試著將一個「成就目標」，透過部門會議與溝通的機會傳達給所有同仁：**業績百分之百達成是我們的工作目標，但是讓自己的生活快樂、生命變得更有價值則是我們的人生目標。**

我鼓勵同仁該休的年假（特休）一定要休完，如果同仁出國旅遊也鼓勵他們在部門會議中與大家分享經驗。我不斷跟同仁強調：**每天累積一點點小進步，長時間的落實就會完成一個巨大的成就！**

若部門中多數人都願意在工作與生活中互相砥礪與共同進步，這個組織當然就會充滿讓人留戀的氛圍。

將人才培訓成本，視為必要投資

我過去擔任基層主管時，也會為業務的高流動率深感困擾，所以就不斷與提出離職的同事溝通，試著去理解他們想離開的原因。多數主管都有這樣的經驗，那就是業務告訴我們的大半都是「個人生涯規劃」之類的表面理由，但真正的離職原因多數不脫「薪資」、「未來發展」兩大因素。

當我們無法持續滿足同仁在薪資與職涯發展的期待時，再多的留任做法大概都很難發揮效果，但身為主管切記不要情緒化地拂袖而去，讓離職員工與公司的最後一點情感也蕩然無存。比較適當的做法是以坦白的方式溝通，當確定無法留下這個員工時，可以表達理解他想離職的做法，並希望知道他對於公司的建議，不要再與同仁辯駁他對公司的看法是否有錯，給予他理性的回饋及祝福並希望彼此有再合作的機會。

坦白地說，**人才的「聚」與「散」完全是一個觀念的問題，我們的心與想法夠寬廣，離職的同事也會成為我們在業界的朋友！**既然人的流動是不可完全避免的問題，將團隊打造成能夠留住人才的環境，並將所有曾經共事的人視為內部與外部力量的延伸，則花時間心力所做的人才培訓成本，都不會是不值得的投資了。

08 ▼用靈活的獎勵制度留住業務人才

俊宏坐在老闆的辦公室裡不斷地搓揉著雙手，可以明顯感受到他對於老闆一連串問題的不安與不耐，雖然他是公司過去幾年來不斷給予調薪的頂尖業務之一，但是卻仍在過完年後提出了離職申請，老闆問了一句：「你希望公司給你多少？」俊宏卻只是幽幽地回了老闆：「我只是希望被公平對待！而不是業績做得多，換來的就是隔年被指派更高的目標！」

其實許多公司都有類似的困境，因為多數中小企業的業務一開始都是由老闆自己擔綱重任，隨著公司的成長、擴大才逐漸透過組織的方式來推動業務，因此制度與規範也多數是先有人再慢慢地逐步制定與建立。

但也因為老闆對於客戶與業務的嫻熟，反而對業務獎勵制度比較容易忽略，主要原因在於公司的主要客戶數量不多，甚至多數都掌握在老闆自己的手上，業務人員多數扮演老闆助手的角色，然而公司要持續發展就必須不斷擴增市場或客戶數，新增的市場與客戶的開發動能就是公司

業績獎勵制度參考表

底薪%	獎金%	業績認列	獎金上限	其他
高（90）	低（10）	以營收為準＋KPI達成獎勵	10%×1~1.5倍加權獎勵	無
中（70）	中（30）	以營收為準＋KPI達成獎勵	30%×1.5~2倍加權獎勵	加碼團隊獎金
低（60）	高（40）	以營收為準＋KPI達成獎勵	40%×2~3倍加權獎勵	加碼個人獎金
無	100	以營收為準	無上限	無

永續經營的關鍵。

獎勵制度應該由「業務型態」決定

一般而言，**制定業績獎勵制度必須根據公司的業務型態來決定，切記不要一套模式硬套在自己的公司上面**，尤其不要將業績獎勵制度當成是老闆或主管的「恩賞」，因為制度的公平性與公開性同等重要，如果淪為主管們私相授受的工具，讓主管依個人主觀判斷決定績效好壞與獎金多寡，不但會降低激勵的效果，更會有反面的副作用。

如「業績獎勵制度參考表」的舉例，高底薪、低獎金的制度，多數是用在產品力比較強而業務開發性比較低的公司，簡單地說，這樣的制度適用於客戶群固定或較為穩定的產業；而低底薪、高獎金的制度，則是用在公司屬於後進業者，或處於要強力開拓新市場的階段，必須用較高的獎金激勵以刺激業務衝刺。

但無論是哪一種業績激勵的制度都有它的優點與可能的不足之處，因此可以搭配關鍵績效指標（key performance indicators，簡稱ＫＰＩ）的設定，例如：新上市機種每銷售超過目標即加發定額獎金，或新機種給予不同的業績計算權重（營收金額×一．一倍），來強化業績激勵辦法的強度與涵蓋範圍，另一方面，除了固定的底薪與業績激勵制度外，運用團隊或個人獎項做額外的競賽獎勵，也可以達到補強獎勵機制的效果。

獎勵制度的成功關鍵：適時性、信任感

為什麼業務人員願意忍受高壓與挑戰來從事業務工作？最重要的激勵因子絕對是希望能夠獲得比一般工作更高的薪酬，因此業務達成難度越高、產品利潤比例越高，或是市場競爭越激烈的業務，獎勵制度的激勵效果就必須越明顯，才能夠真正驅動業務人員自動自發衝鋒陷陣，為公司開疆闢土將業績做出來。

除了獎勵制度的基礎原則以外，制度本身所涵蓋的許多環節也必須配合，特別是獎勵制度的

簡單易懂（信任感）也是關鍵因素之一，當獎勵制度過於複雜，只有公司才能計算出獎金多寡，業務人員是很難會有信任感的，更別說要產生動力去拚搏！

此外，獎金的發放週期如何能夠達到激勵效果，又不會造成行政作業的負擔及刺激人員的流動？舉例來說，B2B的業務型態適合每季或每半年進行業績結算，因為B2B的銷售與成交週期時間較長，因此每個月進行業績結算不僅作業繁瑣，也會因為業績高低起伏變化較大，而造成當月無獎金可領或是前月溢領獎金必須扣回，這樣的制度就會事倍功半甚至造成反效果。

相反地，門市型的業務如果採用季獎金或雙季獎金制，則會讓業務人員無法感受到即時的激勵效果，同時門市的促銷活動也很難發揮因應市場靈活變化的特性。

好的獎勵制度要是「活的」

常會有許多老闆覺得制度一旦訂定就不能輕易更改，以免損害公司的利益與威信；也有另一種聲音是：制度如果隨意修改，業務同仁會對公司制度產生懷疑。但我認為在實務運作上，如果明顯發現目前制度無法有效發揮激勵效果，或是業務同仁不再因為獎勵措施而積極投入時，公司就應該進行修訂制度的探討。

一個好的業務激勵制度必須是活的！最理想的方式是可以和業務人員的需求有實際的連結，例如：公司設置業務獎勵制度的建議信箱，鼓勵業務同仁提出建議，另外也有公司會設置「業務獎勵辦法委員會」，讓公司相關的部門〔人力資源（簡稱人資）、財務、業務等〕及一定比例的業務人員，共同在固定的週期檢討相關的辦法，以保持辦法的有效性。

總結而言，千萬不要輕忽對於業務激勵制度的制定，因為唯有認真做好這一個關鍵的工作，公司的業務動力才會源源不絕湧出。

2
CHAPTER

業績的設定與達標

09 ▼ 用「漏斗模型」做好業績目標管理

明倫帶領一個由七名業務組成的團隊，負責公司北部地區大型客戶。依照老闆的要求，每年的業績總目標必須分配到每季、每月的執行計畫中，並且要在每季開始之前，就提出下一季的業績達成預估（rolling forecast），而業務部門的副總會在每個月召開一次月會，對前一個月的業績實際達成與預估準確率進行檢討。

為了督促團隊達成業績目標，明倫每週都召開業績檢討會議，並且花了很多時間確認每位業務都不斷更新業績預估（sales forecast）數字。但快到月底時，還是需要一直追問訂單和發票是否準時開出來，而且總是會有人的業績沒達到目標，害得整個團隊預估準確率總是跳票，明倫只好增加檢討會議，並且用盡各種辦法想要改善，搞得大家人仰馬翻，甚至有些業務不堪其擾，想要轉到其他業務部門。

漏斗型商機預估管理

做好精準的目標管理，是優秀的業務主管必備的能力。要避免上述的困境，可以透過「漏斗型商機預估」模式來管理。

所有業務的模式都有一個不變的定律：必須做了眾多商機接觸後，才會有某個比例轉變成真正的交易，我們稱之為「成交率」（hit rate）。業務必須設法增加「商機接觸」的數量，就像是透過「漏斗」將物品裝入容器的感覺，這種擴大商機接觸再逐步收斂的模式，稱為漏斗型商機預估管理（funnel forecast management）。

一般來說，銷售的流程中會有的歷程包括：接觸、提案、報價、修訂、再報價、下訂單、出貨、驗收、開立發票、請款……。這一整個過程所需要的時間週期，再搭配「成交率」的統計，就是一套比較精準的業績預估模式。

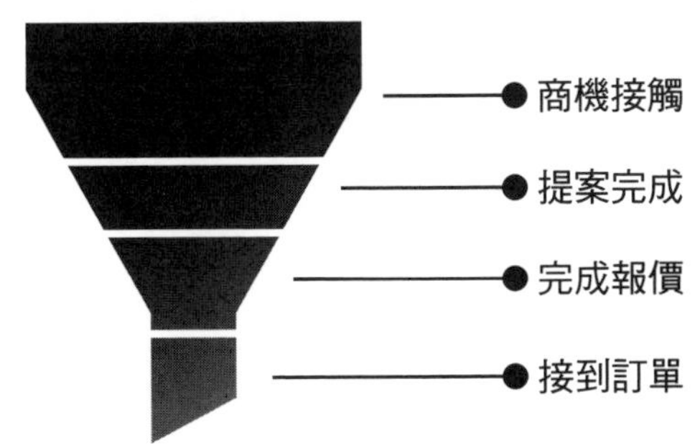

業務人員管理表單

客戶＼進行階段	商機接觸	提案完成	完成報價	接到訂單	預估
1	100萬				100×0.1=10萬
2		50萬			50×0.3=15萬
3			20萬		20×0.5=10萬
4				30萬	30×1=30萬
					合計65萬

「漏斗型商機預估管理」公式：

A：商機接觸，B：提案完成，C：完成報價，
D：接到訂單

A（$×0.1）＋B（$×0.3）＋C（$×0.5）＋
D（$×1）＝所有預估收益

上表是業務人員管理表單的例子，這個計算公式是B2B業務常用的標準，應該也適用於大多數的產業。以我的經驗來說，月初時能「接到訂單」的預估必須超過六〇%，到了月中就必須超過七〇%，才算是比較有希望達標的預估。

使用漏斗做業績預估，最重要的工作就是要確實做好「銷售日誌」的紀錄，並且清楚訂出每個階段的定義，以及可納入計算的預估收益。如此一來，就可

以清楚又即時地瞭解哪一位業務的「商機接觸」數量需要加強、業績的推動卡關在哪個階段，並且適時提供他需要的協助。

使用「漏斗型商機預估管理」的四個步驟

使用「漏斗型商機預估管理」模型來管理業績目標，需要做到以下這四個步驟。

一、開源：擴大商機接觸量，確保目標的達成率

漏斗的開口夠大，才能確保經過逐步收斂的過程後，還能有達標的把握。業務主管除了要瞭解同仁商機接觸的「量」足夠之外，也要掌握同仁在初步的接觸後，是否持續有具體的進度。

二、截流：剔除虛增浮報，以免誤判及浪費資源

有些業務為了不被主管盯上，會把成交率不大的商機也放進漏斗

業績管理步驟圖

中，或是將剛接觸的商機往下一個階段推進。這些不確實的進度會造成預估失準，也會浪費主管的資源來進行相關的檢視與跟進。

當某些業務的進度在上述的前三個階段的比例總是偏高時，主管必須個別檢視每筆進度紀錄，以確定他的商機接觸與推進夠確實，若發現有記載不實或浮報的現象，就應該立即剔除，並督促同仁加速開發更多商機，或是掌握機會推動客戶下單。

三、跟進：找出關鍵重案投入支援

業務主管應該在檢視同仁進度的同時，從眾多商機接觸中找出成交機率高或貢獻值較大的機會，提供協助支援同仁積極跟進，以加速這些商機成為真正的營收。

如何能夠判斷哪些是成交機率高或是貢獻值大的商機呢？貢獻值當然是以成交金額或是否具有策略性的意義為準；而成交率就必須根據同仁的商機描述來判斷，包括客戶關係、專案的急迫性、競爭對手的優劣勢比較、客戶是否已編列預算等情況，進行綜合的評估，但更重要的是同仁本身的紀錄（誠實度與客戶掌握度）。能越精準地挑出應該跟進的商機，團隊的目標達成率就會越高。

四、落實：確實執行三個基本步驟

業務主管想提高達標的機率，一定要落實前面提到的三個步驟：開源數量要充足＋銷售日誌要確實；截流檢視不手軟＋掌握客情要即時；親自跟進重要商機＋積極支援追訂單。

要徹底解決業績預估不精準的問題，絕非一個主管或是少數頂尖業務多做一點業績來補差額就可以克服的，透過一套良好且可以持續推動的模式來運作，將不只是讓業績預估變得準確，更能幫助團隊的業績成長甚至超越目標。

10 ▼ 確保業績達標的制度化做法

下午兩點的會議室總是布滿著瞌睡蟲！志豪瞪大著雙眼看著一個個業務將業績數字下修，禁不住一股怒氣！心裡盤算著上個月底業務們交出的業績預估，明明還有九五％到九六％的達成率，怎麼才過了一週卻立刻跌破九〇％？

每個業務的理由都大同小異，不是後端支援不及、交貨延宕，要不然就是客戶來不及開發票，已經每週盯業績了，還會發生這麼多狀況，究竟是哪個環節出錯了？難道是業務們在應付了事、沒有確實掌握客戶的狀況嗎？該怎麼改善這種情況呢？

事實上，多數的公司都經常會發生業績預估無法準確的問題，即使業務預估的接單量持續超過目標，也一定要持續監督進行中的機會能否順利依計畫推進成為真正的訂單。

就算已經取得訂單也要確保能及時完成交付，並且準時開出發票。正因如此，許多業務管理的制度設計就是為了降低估計的誤差，或是可以及早發現問題以便採取應有的行動。

檢討達成率於事無補

當實際業績數字開出來之後，如果沒有達成目標，即使做再多的原因檢討及究責，也無法改變沒有達標的事實，更來不及對當月的目標達成做任何補救措施。

因此，檢討當月的目標達成狀況所管理的只是一個「落後指標」。一位好主管必須即時掌握可能影響業績達成的各種變數，並提前採取有效的執行計畫與行動。

如何讓業務據實預估業績？

許多業務主管遇到的困境是：業務怕被檢討所以會虛增商機接觸量（pipeline volume）以免被老闆盯，也會擔心老闆提高目標以追趕業績的不足，所以就先把預估的數字抓得樂觀一些，等到了必須實際開出發票時，再找理由修改預估數字，造成業績預估總是不準，該怎麼辦？

關鍵的思維就是要讓業務願意據實以報！事實上，一味採取高壓的業務檢討模式，就是讓業務不說實話的主要因素之一；另一方面，業務主管應該思考如何解決業務遭遇的困難，如果業務誠實提出業績無法達成的困難之處，主管能夠有效地幫助他克服問題，那自然可以鼓勵業務將事實反映出來。

預估的關鍵不在精準，而是要能達成

業務部門如果只依賴業務人員提出的數字進行業績預估，發生前述問題是很正常的狀況，即使有些公司也會嘗試採取一些交叉分析的方法，或是以責任制度來要求業務部門，但**最重要的關鍵其實並非預估準確與否，而是要能達成目標！**

所以，如何能夠幫助業務提升商機開發的數量、慎選成交機會較高的案子繼續跟進、能提出有效的跟進行動加速締結，這些才是重點。

而幫助業務達成目標的方法中，強化售前服務（presales service）的能量，就是一個最常見且有效的方法，而且可以讓售前支援團隊（presales team）和業務單位一樣，必須對所參與的案子進行預估作業，如此就可以更清楚且精準地掌握大型商機的動態，也可以大幅度提高這些大案子預估的準確度。

採領先指標管理：多維度管理＋人性化的激勵

過去只有業務部門進行「銷售進度檢討會議」（sales review meeting），但更積極且以領先指標管理的方式，是業務部門與產品部門共同進行「產銷與商機檢討會議」（business opportunities collaboration meeting），**即時對需要的資源與支援進行調度與整合，同時在業務與產品兩個部門都應該有專職的主管，必須對產品負起營業目標的責任，並且要在「產銷會議」中提出合作的計畫與執行的進度。**

為了驅動兩個不同工作性質的部門能夠相互合作，除了提供運作良好的平台與機制外，也應該要同步設計符合人性的激勵辦法，例如：業務的業績獎金除了營業目標的達成率以外，也可以增加獲利率、業績預估準確率、專案如期驗收率等KPI，作為加碼或是激勵獎金的一部分，而對於售前支援（presales）和產品部門也可以設計特定的產品營收達成率的激勵，或針對獲利率與其他專案執行的激勵措施。

專業分工不應該變成組織缺乏溝通與協作的原因，只有在制度面和管理態度面都更積極主動，並且主動嘗試以更有效的方法解決問題，才能夠因應快速的市場變化，並帶領組織朝向有效率且共同合作的目標前進。

11 ▼ 以PDCA協助下屬訂定並完成目標

志偉正坐在電腦前發愣，看著螢幕上Excel檔案裡密密麻麻的數字預估和各個銷售專案的比對，他真的不只是頭皮發麻，還只差一點沒有飆罵粗口！心裡面暗暗地咒罵著產品策略部門的那些傢伙，為什麼每個月一到這個時候就要來煩我一次？讓我關在辦公室裡被這些紙本作業搞得快瘋掉，真是浪費我的時間和降低公司的產值，還不如讓我出去跟客戶碰面做生意實在一點！

業務團隊的工作真的是繁雜無比，生產部門或產品代理單位總是不斷追著志偉要預估數字，因為每一個月的出貨及下兩個月的銷售預估，不僅關係著這個月的業績表現，更緊密地影響著後端下單生產與庫存的調配，過去志偉總是讓助理將每個業務的商機接觸量檢討表（pipeline review）表中的總和乘以一個折扣，就交出去給後端當作預估，但卻經常發生估計不準確而造成備貨不夠或是庫存量過高的現象。

於是，公司引進了「企業資源規劃系統」（enterprise resource planning，簡稱ERP）但卻沒有真正解決問題，因為有了系統的協助，雖然更精準地進行了內控的作業，但是年度的目標估計與執行計畫不夠確實，仍然使得業務團隊每季及每月執行的狀況與年度計畫落差很大，造成後勤與業務單位不斷在進行數字對齊與修正的工作，徒增莫大的困擾！

計畫數字是由上而下？還是由下而上？

其實這是一個根本的問題，也是一個兩難的困境！真實的情況是：多數的企業其年度目標都是由上而下的分派，而且目標的挑戰性都會比較高；當然也有企業是由下往上提案建議下一個年度的目標數字，但是公司決策階層往往都會懷疑數字太保守，或是計畫單位有所保留，因此最終大多會以加碼分派（assign）成為下個年度的目標。

所以，根據心理學上的「歸因理論」（attribution theory），人很自然地會參考過去的情境，去將各種可能的因素歸納起來〔稱為情境歸因（situational attribution）〕，對於自己的行為做出解釋與合理化的認知，也因此，當企業的年度目標總是由上而下或是層層加碼的堆疊成長，作為提出計畫的人理所當然會以保守的數字作為第一版，因為反正最後都會再被往上加數字的。

同樣的道理也適用在其他性質的團隊，當同仁在設定自己的年度ＫＰＩ時，因為預期老闆最後總是會再要求「更積極」一點，所以出自於自我保護的動機，沒有人會將自己最積極的績效目標一次就遞交出去，因此每年、每個人總是和自己的老闆在目標設定上，爾虞我詐而且缺乏互信的共識。

PDCA：計畫與執行的循環運作

相信多數的經理人都學習過PDCA的觀念，從計畫（plan）、執行（do）、檢視（check），乃至於行動（action）本來就應該是一個循環的運作，只是大家容易犯下的錯誤就是：因為在年初就囫圇吞棗地接受由上而下的目標，所以計畫也就是先射箭再畫靶地拼湊出的一個故事，基本上從開始執行就已經將原本的計畫束之高閣了！更遑論要落實與追蹤管理。

因此，下列幾個具體的建議與做法，可以落實PDCA的方法論，並且可以幫助計畫能力不足的主管，以簡單的觀念將計畫做出一個可執行的架構：

1. **建立一個超越的標竿**：選定一個市場的主要競爭對手或是挑戰的對象，以超越此標竿為標準做計畫，將可以是一個進可攻、退可守的基本原則。

2.將目標量化及期程化：無論是訂定業績目標或是設定工作KPI，都應該將目標以量化的方式呈現，並且一定要設定分階段的時程，包括起始、檢核、預計完成的時間，唯有清晰的數字與時間才能轉化為可執行的計畫。

3.雙向運作的擬定目標：無論過去是由上而下或是由下而上制定目標，可讓二種方式共存而不須怠廢，並藉此取得平衡與謀求共識。

4.善用數據紀錄與資料分析：未來將會是一個數據決定競爭力的時代，因此所有的營業資料與工作數據都應數位化記錄，並且善用數位化的工具幫助分析與進行決策。

別只依賴經驗法則！學習善用新的工具與資訊！其實過去許多經理人偏信「經驗法則」，所以計畫的品質與執行的效能不見得可以劃上等號，因為計畫是做給老闆看的，但是執行卻還是靠自己的「直覺判斷」在做事。

然而，現在資訊的流通速度與知識的獲取便捷性，將對計畫與執行方式產生破壞性的衝擊與變革，單純依賴經驗法則將有可能不夠周全與即時，因此除了上述建議的計畫原則，更應該學習隨時保持高度的資訊敏感度，對於最新資訊與新知的掌握，也將會影響我們精準調整計畫及達成目標的能力。

12 ▼ 別讓大客戶被少數業務把持

文雄這週被客服部門所提出的幾件客訴爭議困擾著，他只能回覆給客服部門：「這家客戶已經過保固期了，如果不簽新的服務合約，我也沒辦法！」但是這幾家客戶都有共同的抱怨：「我們已經很久都沒見過你們的業務人員了，現在是誰負責我們公司？請他來說明一下，別只用e-mail傳合約書及打電話催我們用印好嗎？」再這樣下去，客戶可能會對公司失去信心，但是對於業務人員不見得有立即的實質影響，所以業務也不會採取任何改善的措施。

艾美・嘉露（Amy Gallo）曾在《哈佛商業評論》（*Harvard Business Review*）網站撰文指出，每增加一個新客戶所需要付出的代價，是維繫一個既有客戶的五倍至二十五倍。簡單地說，如果我們能夠盡可能將現有客戶的銷售額增加〔向上銷售（up-sell）〕，或是透過現有客戶的推薦而增加銷售機會〔交叉銷售（cross-sell）〕，將會大幅提升業務銷售的效率，並且也會因此增加客戶對我們的信任感與依賴性，因此對於既有客戶的維繫方案（retention program）絕對是一個重要且必須落實執行的策略。

活化既有客戶要以「服務」為出發點

很多公司都會將所有的客戶（不論新舊）都交由單一的業務單位去負責，誰銷售的客戶就由誰來負責後續的服務工作。

開發新客戶是一項工作，維繫既有客戶的關係及服務也是一項工作，但這兩者之間卻有著極大的差異，特別是銷售與服務工作的步調與節奏是截然不同的。

對於既有的客戶應該將其分類，以其最近產生交易的週期時間分成幾種不同的層級，例如：

最近三個月內持續有交易：活躍期

最近六個月內最後一次交易：休憩期

最近一次交易間隔超過一年：沉睡期

針對處於活躍期的客戶，可以由原本的銷售業務持續保持聯絡，並蒐集客戶對於產品的回饋與建議，設法改善客戶的消費體驗以爭取持續的銷售機會。

至於進入休憩期、沉睡期的客戶，則可以交由客服部門或電銷部門進行定期的「活化銷售」，例如：主動提供售後服務關懷、新產品資訊、保固到期續約提醒，進行客戶需求開發、業務重新指派等活動。整體而言，**這個階段的工作不是銷售，而是服務！**唯有客戶感受到原本購買的產品所提供的服務，下一個銷售的機會才會發生。

比起業務個人，公司更該充分瞭解客戶

客戶管理及市場資訊的即時蒐集是執行銷售業務的靈魂，而客戶對於有熟悉其公司狀況的業務來提供服務，也會有一定程度的期待和習慣。所以，大部分主管將客戶分配給業務人員之後，如果沒有重大客訴或特殊狀況，通常不會主動更換負責的業務同仁，但這樣的做法真的對公司有益且符合客戶期待嗎？

從客戶狀況的熟悉與掌握而言，如果真的只有負責的業務清楚，那麼這個客戶是這位業務同仁所擁有而不是公司。公司可透過下列幾種不同的方式來評估是否重新分配既有的客戶，或是調整業務的負責區域以增加業務成長的可能：

1. 對特定業務人員長期負責的客戶做滿意度分析，包括客戶回購率、年貢獻成長率、客訴發生率等。
2. 對於公司的長期客戶定期進行客戶資訊調查，以檢視業務同仁是否確實更新客戶的現況，並且每季或每半年安排業務主管拜訪一次。
3. 對於客戶使用公司服務或產品的實際體驗，定期做瞭解與意見蒐集，且最好能夠透過非業務人員的第二管道進行。

綜合上述幾個方法，再進行整體的評估與判斷是否要將現有客戶進行重新分配，這樣做可以降低業務的反彈，也避免客戶抱怨的機會，更重要的是可以讓客戶的資訊與需求，即時掌握在公司而非業務人員身上。

總結來說，所有的客戶都是公司的重要資產，我們必須投注應有的關注及設法將公司與顧客的關係最佳化，並且透過對於客戶狀況與需求的充分掌握，而能夠不斷提供更好品質的產品與服務，但無論是將營收提升或是增加客戶對我們的滿意度，降低因為業務人員「個人因素」的影響，而強化公司在作業面與制度面的掌握程度，應該會是比較有效的做法。

13 別把業務關在會議室：讓開會更有效率的四個原則

業務經理金龍收到副總的信件告知要準備一份簡報，在月會上報告上一季的市場競業狀況及新產品上市業績，所以他也立即請祕書發出一份會議通知，召集所轄的幾位業務主任來開會。

業務主任們收到金龍的會議通知，都在心裡暗罵：「又要開會！要交一份簡報就要開一次會，每天開會就好了，哪還有時間去做業績啊？」類似的狀況是很多企業的通病。老闆想要瞭解什麼事情，下面就會有一連串的會議，討論如何提供資訊給老闆。這個過程是驅動了負責團隊進行對的行動，或只是浪費了整個團隊的時間？

公司裡總是有許多例行性、非例行性的會議，但對業務單位而言最重要的目標是達成業績，**因此所有的會議應該以「有必要性」及「有助於業績達成」作為前提**。

真的必須以會議形式溝通的情況下，如何掌握開會的必要性及避免過度頻繁的非例行性會議，是提升組織運作效率的重要指標。以下是讓會議更有效率的四個原則。

原則一：安排有效率的例行性會議，避免以會養會

必要性的會議應該例行化，並且明確訂定要討論的議題，要具有週期性及可以具體檢討的標準，所有的議題與討論的時間都要事先通知與會人員，主持會議者必須根據會議已訂定的議題與時間控制會議進行，避免過度發散或是不依議題討論，而造成會議延宕或必須另行安排會議討論。以三十分鐘作為會議的單位時間，促進與會者在會議前就做好準備，掌握重點進行會議討論，避免動輒以一到二小時為會議單位時間。

原則二：確實記錄會議，必要事項進行後續追蹤

所有的例行性會議應該要有標準的會議紀錄格式，明確記載與會人員及討論內容。所有決議應該要有完成執行的期限，並於期限到期後於此例行會議中進行追蹤檢討，避免會議流於形式上的討論卻缺乏執行的效力。

若無法做成具體結論，則應該詳列後續發展的追蹤事項，並且清楚指定各追蹤事項的負責人，以及下次在例行性會議報告進度的時間，減少為了特定事項再開其他會議的必要性。

原則三：標準化會議報告且做有效的溝通

公司的例行性會議最好能將每一次要報告的內容標準化，例如：業務報告應該包括哪些內容（當月營收、達成率、同期比、競業資訊等），但**千萬不要為了提升會議效率，而忽略會議真正的目的：溝通！**

特別是在於非檢討性的會議，應該在既有的會議報告以外，鼓勵參與會議的同仁提出看法，以最簡單有效的方式呈現自己的建議，因為唯有將彼此之間的看法拉近並形成共識，才是會議最重要的目標。

原則四：善用即時溝通，減少不必要的會議

幾乎每個人都使用即時通訊軟體，不需要面對面正式溝通的事情，可以盡量使用這些方便的工具，無論是個別或是群組方式的即時溝通，都可以迅速提升組織中資訊交流的速度，並且產生很好的協作關係（collaboration relationship）。通訊軟體也可以用在正式會議之前，先有足夠的討論，避免在會議中產生過多的歧見與爭論。當然，最理想的狀況是，**善用即時溝通來減少不必**

要的會議，讓組織的運作效率大幅提升。

越來越多的企業持續減少配置大型、封閉的會議空間，就是希望組織中的成員可以用自然且隨時溝通的方式來解決問題，無論是增加虛擬的即時通訊平台，或是給予更多的開放式空間讓大家交流，都反映著會議室不再是解決問題的唯一選擇。

要想業績長紅，就別把業務一直關在會議室吧！

14 ▼ 是產品不好，還是業務賣不掉？

產品部門主管淑芬剛掛上電話，手機又立刻響了起來。反覆打電話進來的是來自兩個不同業務單位的主管，不是催促新產品上市時程，就是抱怨現有產品的功能與價格，但卻沒有哪位業務主管能回答，既有的產品還有多久能賣完？

回想業務部門抱怨連連的既有產品，明明規劃和下單前已跟業務單位再三確認需求，但產品上線後，客戶又一再要求新增功能或是砍價格，使得產品部門與業務單位，總是為了類似的問題爭吵不休！

產品部跟業務部為何總是衝突不斷？

如果身處代理銷售軟、硬體的系統整合產業，產品部門扮演的角色就是「原廠」與「業務單位」之間的橋樑，必須引進最貼近市場的產品與服務組合，並以客戶最容易接受的方式去定位，**提供業務一個明確的銷售策略**。照理說，無論是提供套裝的軟硬體，還是客製化的服務，大多是以公司已具備的核心競爭能力為基礎，來開發產品與客戶，不太可能承接產品部門完全不熟悉的領域。

但是，為什麼許多公司的業務單位還是會有抱怨？為何產品推出後，才發現與市場需求的落差極大？**業務與產品之間充滿矛盾，最終造成公司的優勢與資源都在內耗中消失殆盡。其中關鍵就在於：產銷權責不一致，彼此會相互推卸責任**。

舉例來說，產品部門負責引進商品，卻不必為產品的全年營收負責，而業務負責達成業績目標，卻不為個別單項產品的業績承擔責任。當個別產品銷售不佳，產品部門就會指責業務單位銷售不力，業務單位則抱怨產品引進失誤，最後，業務靠銷售其他明星產品衝業績，產品部門則忙著押寶下一個產品。這樣的場景不斷輪迴，衝突依然重複發生。

四個思考面向，讓產品能成功切入市場

當業務提出產品或是服務的需求時，產品部門主管必須要考慮四個層面。

一、供需：從調查數據掌握市場概況

先從策略面來看，在決定引進、開發一個新產品前，**無論如何都必須先掌握這個產品目前在市場上的供需狀況**。包含主要的需求有哪些？市場規模有多大？目前市場中的主要供應者是誰？各個主要競爭對手的優、劣勢？市場整體的發展趨勢及潛在的風險？**對於供需狀況的掌握程度越高，成功的機會也會越高！**

二、定位：鮮明且聚焦，加強顧客印象

當業務與產品單位對於市場供需有了瞭解，接下來才有**如何切入市場**的討論。**在選擇一個新的產品進入市場時，建議聚焦特定品項和鮮明的定位**。除非是進入完全沒有競爭對手的全新領域，**否則新進的業者如果沒有清楚定位，很難在消費者心裡建立起印象，並累積忠誠客戶的推薦口碑**。

因此聚焦某一些產品、有清楚的定位，較容易快速取得成功經驗，若一開始就想要全面滲透到市場的各個層面，反而容易因為過度發散，造成消費者對產品沒有認知，即使知道品牌也連結不到產品。

三、行銷：面對瓶頸，先檢查定位和目標客群

當產品推出之後，就是執行面的問題了。幾乎很少有一項產品可以涵蓋所有客戶的不同需求，所以遭遇客戶的質疑與挑戰是必然的過程。不過要是客戶質疑比例很高，主要原因可能是策略面的工作沒有做徹底，定位錯誤，導致執行面鎖定不合適的目標對象，以致於業務做再多的工作，也很難產生績效。

因此，如果**新產品上市後，業務推動遇到瓶頸，主管要回頭檢視定位策略，並同步修正業務的做法，調整客群目標，或是改變推廣訴求，不斷調整後找出新的因應策略**，切忌不斷隨著客戶的抱怨而輕易修正產品，或做出價格的策略調整。

四、備援：備妥因應計畫，情況再糟也不怕

除了行銷執行的計畫外，產品主管還要為任何可能發生的情況進行準備，其中，**產品下架的備援計畫就是不可或缺的考慮。如果在評估與執行的過程中，發生最糟糕的情況，至少團隊能馬上進行風險控制與排除，將損失降到最低**，甚至有機會反敗為勝。具體地說，**在缺乏成功基礎的市場中，想推出新產品，必須謹慎，採取「減法策略」，整合產品與銷售的策略才是致勝關鍵。**

但如果產品已經上市並取得預期的成功後，則該進一步蒐集客戶反饋、落實策略，以「加法策略」深入經營客戶的消費體驗，建立產品的品牌價值。

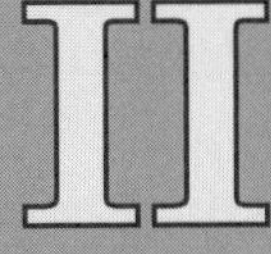

PART

建立制度，帶好團隊

3 CHAPTER

主管的領導力

15▼跨專業領導新團隊，第一步先建立信心

星期六的晚上，辦公室裡只有美玲的座位燈光還是亮著。她埋首在電腦前，眼睛盯著螢幕，手不停敲著鍵盤，心裡面想著：「星期五下班前最後一刻給我開天窗、裝病號！想要讓我在客戶面前出糗？就不相信我自己搞不定這份報告。」

原來美玲的部屬莉莉前天交出來的結案報告有一些錯誤，她要莉莉加班修改好趕在跟客戶簡報前再次確認，沒想到被莉莉質疑是「雞蛋裡挑骨頭」，認為美玲根本不懂技術面，憑什麼說報告有錯誤？面對美玲的強烈要求，莉莉索性請病假，拒絕加班修改。

事情回到兩個月前，美玲剛從行政部門轉調來擔任售後服務部門的主管，一開始她誠惶誠恐，擔心自己對產品不熟，鎮不住售後服務團隊的技術高手們，所以每次的部門會議都盡量尊重資深工程師，不會有太多的意見和要求，沒想到卻屢屢發生客戶抱怨沒有及時處理、交付的產品檢修報告有錯誤等狀況，逼得美玲開始從嚴審查每份報告，大家都覺得工作量加大，加班次數隨

之增加，才爆發莉莉當面嗆美玲的事件。

新官上任先「立信」！勿讓管理成負擔

越往上擔任經營管理階層，越需要管理不同專業的部門。畢竟組織的各項分工是根據專業劃分的，但是事業單位必須整合所有的專業，才能成就一套商業模式。因此，跨領域和專長是領導者無法避免的課題。

無論你帶領的團隊是否屬於自己的專業領域，都應該先瞭解一件事：領導必須有清楚的方向，如果團隊沒有核心的價值與目標，作為團隊的領頭羊很容易陷入執行細節而迷失方向。

而你要如何確立一個方向，讓團隊大多數成員能夠跟隨？建立信心是最重要的工作！身為領導者的你，是來幫助團隊解決問題、克服困難，協助大家完成一個更遠大的目標，而不是來增加他們的負擔或是檢討他們的績效。切記，不要將「管理」變成團隊的壓力！

四步驟幫你領導跨領域團隊

從企業發展的角度思考，為什麼會將團隊交給一位並非該領域專業的主管領導？原因不外乎以下兩種：

1. 培養這一位主管，讓他有不同單位的歷練，藉此觀察他的學習及領導能力。
2. 此團隊缺乏創新的動能，希望透過跨領域的主管帶領，注入新的思維及想法以打破原有的框架。

所以，作為一個跨領域的團隊領導人的角色，應該努力增加自己對新團隊專業的瞭解，嘗試以自己原有的專業，找出對新團隊有所助益的可能。這樣的新任主管要融入團隊、有效領導，可以採取「學習」、「瞭解」、「協助」、「創新」的步驟，分階段進行：

1. **訂定自己的學習目標**（learning roadmap）：設定應該學習及瞭解的專業內容，進而瞭解團隊運作及未來發展趨勢。

2. **瞭解團隊運作的困難**（listen and finding）：先別預設立場，鼓勵團隊提出建議與意見反映，充分瞭解目前的現況與亟待解決的問題。

3. **協助團隊解決困難**（solving the key problems）：挑出過去長期未被解決的困難，與團隊共同討論，找出解法。

4. **建立共識擬定目標方向**（breakthrough limited）：提出團隊的發展方向並讓團隊參與意見，尋求最大程度的共識後，設定新的目標。

改變的關鍵：建立團隊信任的領導能力

每位新上任的主管總是會有許多想法，這些新想法多數也是源自於過往的定見和經驗，這必然會與團隊既有的慣性有差異。或許這些想法都有助於團隊，但要能夠真正被落實並不容易，如何讓團隊成員打破過去的習慣，服從一位在專業上無法取代他的主管？最重要的關鍵不會是你的專業技能，而是你的「領導力」！

而在領導的過程中，需要逐步建立團隊成員的「信心」，瞭解與擴大成員對於策略的參與度，可使你的決策更貼近專業需求，而不是以自己的理解凌駕團隊成員的專業之上。如此一來，最終擬定出來的方向與目標，才能得到團隊成員的「信任」，鼓舞大家朝達成目標努力。因此無論跨域與否，所有主管都應該清楚，創造與擴大組織的信任基礎，必然是企業成功提升效率的最佳良方。

16 ▼空降主管獲得團隊信任的兩個關鍵

空降主管如何獲得團隊信任？

公司在中區的業務達成率一直偏低，雖然前任主管祭出嚴格的管理措施，但沒有顯著改善，只是造成業務員流動率居高不下。

北區業務主管德隆臨危受命，被公司轉調到中區擔任業務主管，他從來沒有跟中區的團隊合作過，也不太熟悉當地市場狀況和客戶，但聽說幾個資深業務已經放話要看新主管的表現，如果不如預期可能會集體跳槽投靠敵營。

事實上中區的團隊成員都有很好的資歷，對於公司產品、市場狀況非常瞭解，甚至有幾位曾是同業的業務高手被挖角加入公司，公司高層也不解為什麼業績表現會停滯不前，徵召北區的優秀年輕主管德隆來接任，就是希望能夠有「新人新氣象」，讓團隊從谷底中重新出發。但這也考驗著德隆的管理與領導能力，要如何驅動團隊就是他最大的挑戰。

新官上任，什麼該變？什麼不該變？

我的建議是：公司規定提供業務人員的作業支援與資源（如助理人員編制、外勤油資補貼），絕對不要輕易改變。新上任的主管還沒瞭解實際運作狀況之前，切記不要以縮減資源（節流），或是增加新的作業流程（控制）作為起手式，這樣做不只無法對症下藥，還有可能會引起團隊集體反彈或是消極抵制。

但若是發現這個團隊現有的「內規」或「陋習」，違背公司規範或遊走灰色地帶，新主管應該立即進行調整，例如：不該默許虛報小額交際費，以支應業務油資不足；不該容許業務不確實填寫銷售日誌，並虛假地滿足業績預估進度等。

新主管最迫切的工作，就是與團隊建立起堅實的互信基礎，因此讓團隊成員清楚知道你的管理原則，並且建立公開又令人信服的標準是最好的做法。但要如何做到呢？我認為有兩個關鍵行為：「建功」與「立信」。

建功：先施後受，帶人帶心

業務最需要主管提供什麼？業務最不希望主管做什麼？只要做過業務工作應該都很清楚！因此要讓業務的心向著主管，並且對主管的決策不會有所質疑，就應該先提供業務希望獲得的協助。

所謂「建功」就是要幫助業務達成業績（或是贏得大案子），一位新上任的主管應該快速瞭解同仁正在進行的案子，並且判斷是否需要你的協助，或是公司的進一步資源與支援。特別是前任主管比較少做的部分，更應該探討為什麼沒有做到或是為什麼做不到，自己是否可以針對這些部分進行立即的改善。

具體的做法舉例如下：過去的主管因為跟總公司產品部門不熟，總是在業務提出了價格簽呈之後，要卡關好幾天才會有下文，德隆就可以藉著自己在北部工作的經歷，協助中區的業務跟產品部門主管建立直接連絡的管道，加速簽呈往返的作業，也幫助業務在價格支援的部分，和產品部門有更順暢的溝通管道，這些直接且有效的協助，會讓團隊因為德隆的協助獲得效益，也讓同仁對他產生依賴。

當團隊成員自身的利益（業績或獎金）可以藉由主管的協助而增長，「建功」的目的就達到了，主管與團隊成員的共同目標就會逐步形成，進而讓彼此成為具有高度共識的團體。

立信：一對一溝通，建立信任

你在部門中直接管理的同事，以不超過十位較為合理，即使偶爾會有人數較多的情況，但對於新上任的主管而言，到任後盡快安排和同事一對一溝通，絕對是有必要的，這將會讓同事感受到你的重視，進而建立彼此的信任關係。

和同事面對面溝通時，必須注意以下幾個基本要訣：

1. **以聊天方式拉近彼此距離**：面談前先閱讀同事的個人資料，讓他們覺得你已經認識他們，而非採取面試新人的方式要他們自我介紹。
2. **預設關鍵問題，適時找出答案**：不要真的只是純聊天！和同事聊他最擅長的事、他對組織最不滿意的地方、最想改變或建議的事情，藉著面對面的機會詢問他的意見。
3. **公事之外，也可聊家庭與不涉隱私的話題**：別讓彼此的談話就只有這麼一次，在適當的時機也可以與同事聊聊彼此的家庭，並且讓團隊夥伴也瞭解你。

總體而言，新上任的主管應該以最快的速度與最不產生衝突的方式融入組織，而「以身作則」絕對是最好的方法之一，只要願意採取誠懇的態度，團隊成員一定會感受到主管的誠意。設法幫助團隊成員克服困難，並且願意與團隊成員誠信溝通，帶領團隊達成目標就自然能夠水到渠成。

17▼主管要避開會阻礙團隊發展的「主見迷思」

美惠心裡七上八下地走進老闆的辦公室，但她甚至還沒開口說明來意，老闆就直接說：「我知道你要說什麼，但我比你更清楚該怎麼做，照我的意思去做就對了！」一連串的否定，讓美惠硬生生把自己的想法吞了回去，不想再多說。

人與人相處時，最難掌握的就是「情緒」。許多主管很容易忽略的是：同仁常常是在遷就你的「情緒」，而這些情緒大多是來自於主管自己長期累積的經驗、習慣，或是直覺所形成的主觀見解，我們暫且稱之為「主見」。

當有人的看法與你的「主見」相左時，就容易引發情緒性的反應，導致缺乏理性討論的空間。雖然要勝任主管工作，必須要有決策力及執行力，因此有較多「主見」是很常見的情況，但如何降低因「主見」而產生不好的情緒性決策，或是造成錯誤的判斷，則是主管必須學習的重要能力。

主管常見的三種「主見迷思」

一、「速度」迷思

業務主管面對每天繁雜又高壓的工作，許多決策與判斷必須要立即反應，因為每一個銷售機會都是在與時間賽跑，在快速的工作節奏之下，自然會形成比較主觀且直覺式的決策風格。

當然，這些決策是從長期實務運作累積的經驗而來，所以具有一定程度的可靠性，但是在業務主管的養成過程中，很少有所謂的「反省教育」或「自我檢視」的訓練。當主管過度武斷或是缺乏全盤的考量，遷就時間壓力下所做的決策，很容易造成決策的失誤。

二、「慣性」迷思

許多交易案例及對客戶的要求如何回應，對於資深的業務主管可能是倒背如流的模式，因此當他遇到業務的詢問，經常都會給予「照慣例處理」的答案。這類型的主管也可能不喜歡業務提出太多的問題，而且常會告訴業務這些狀況他自己都遇過，只要照著他的做法去做就對了！

這樣的指導方式或許適用於很多狀況，但若是主管提供的方法不管用，業務也不敢再回去問他，也因此業務容易被訓練出缺乏思考與創新的慣性，反正過去怎麼規劃、怎麼做，照著做就對了。當組織需要推動變革與創新的時候，這類型主管領導的部門會比較容易陷入困境。

三、「職位」迷思

有些主管會有「官大學問大」的偏執，他們認為職位比較高、資歷比較深的人，懂的一定比其他人多，因此不太接受職務較低同仁的意見，或是會根據職位的高低作為意見參考價值的依據，甚至會形成整個部門他最懂的現象。

因為部門由他負責與主導，基於面子因素或自尊心作祟，他認為自己一定要比其他人清楚與瞭解狀況，因此他不會輕易接受其他人的意見，或向其他人請教該怎麼做。

要避免「主見迷思」對主管造成影響而犯下錯誤，主管可以透過以下幾個簡單的做法來調整自己。

一、強迫自己聆聽

盡量給予溝通的對象充分表達看法的機會，不要急著將自己的看法與意見倒給對方。即使有時間與決策速度的壓力，也應該要盡量多聆聽不同的意見。無論最終是否採用，都應該讓團隊成員願意分享他們真實的看法，以免形成自己一人決策的孤島效應。

二、定期檢視與反省

對於自己所做的決策與判斷，應該在適當的週期後進行檢視與反省，誠實面對這些決策的品質與結果，同時思考是否有更好的做法可以改變，並嘗試在之後的決策過程中採用新的做法，即使小幅度也無妨，鼓勵自己及團隊做出創新，長期累積的小改變也能形成巨大的成就！

三、相信所有人都有可學之處

學習無所不在，不同的人、不同的年齡、不同的性別、不同的專業、不同的職位……都有值得我們學習的地方。主管應該清楚團隊成員不同的專長與專業，並善用每位成員的專長，鼓勵團隊成員願意主動貢獻意見，讓團隊擁有不同專業的智囊團。

主管在組織中扮演的除了是一個領導角色外，更應該具備凝聚共識及驅動成長的功能，切勿將獨裁與頤指氣使當成是主管的特權。要成功帶領團隊並減少自己犯錯的機率，多一點耐心、多一點傾聽、多一點溝通，一定可以讓主管工作更得心應手。

18▼「罵」不會改善員工的表現

會議室中的緊繃情緒幾乎要滿出來了！上台報告的主管準備的內容未能切中主題，造成與會的人無法快速理解，坐在台下的家豪不斷提出質疑，但又缺乏耐性冷靜地聽完報告者的說明，報告者一臉尷尬，不安的感受完全無法隱藏。

家豪是公司裡出了名的高效老闆，在他的心目中「效率」和「方法」就是確保工作品質的兩大法寶，如果有同仁缺乏這樣的觀念或是未能有效落實，一定會被他嚴厲糾正。但正是因為家豪的自我要求極高，他對同仁也少有「和顏悅色」的時候，同事們都很怕跟他一起開會，而且被罵得越凶的同仁，似乎也沒有表現得更好，甚至原本在他部門的同仁一有轉調的機會就想調離。

老闆的情緒會形成「沉默螺旋效應」

許多管理書籍都建議，組織必須充滿良性互動的溝通氛圍，才能讓每個成員都能夠知無不言、言無不盡地貢獻自己的看法；但是在真實的組織運作中，這樣的理想境界幾乎不會存在。**多數時候組織中的成員會觀察「權力的風向」，簡單地說，就是會考量老闆的看法，並且依循著這個看法去表達意見，以避免自己站在主流意見的對立面。**

所以，當組織中的老闆越情緒化、易發火，越不容易聽到其他成員的真實意見，甚至會讓大家不敢表達看法，造成無論大小事情，最終都只能由老闆一個人決策，做對了就是老闆天縱英明，結果不好或是事情不順利就是組織成員執行不力。而這樣的組織，最後會變得越來越沒有效率。

員工做不好，主管該怎麼辦？

根據我自己的經驗，主管經常性的情緒化不但不會讓員工績效提升，更會讓自己的決策品質下降！因為組織中的合作關係不佳，更會造成溝通上的誤差和隔閡，更嚴重一點，還會變成員工和主管之間的對立，公開或私下相互批評，以致於整個組織的運作也被拖累。但如果遇到部分員工經常無法依照要求確實做好，那又該怎麼辦？有以下幾點做法可以參考。

一、績效計分卡制：聚焦正向指標和完成度

設計組織成員應該達成的正向指標，如業務人員的業績達成率、KPI完成率，並且將所設的目標具體分配到每季、每月、每位同仁身上。定時檢討這些目標達成狀況，讓每一位組織成員清楚知道自己的工作績效與完成度，避免組織中有濫竽充數的可能，同時也可以讓主管以績效及進度進行管理，避免情緒化地檢討業績。

二、工作方法訓練：建立任務的共同準則

傳統的員工教育訓練多數偏重於產品知識、行銷技巧、研發技術等成果導向的課程，但是組織在運作過程中，卻有許多工作缺乏一致的方法，諸如問題的分析、簡報與溝通技巧、策略發展的方法等。建構一個高度共識的工作方法論，可以有效降低各種不同層級與跨部門之間的溝通隔閡，同時也能夠在合作的過程中快速地進行交流。

舉例來說，產品管理（product management）部門發展產品的標準方法（products developing & delivery process，簡稱ＰＤＤＰ）就是先協助產品管理人員建構一個共同遵守的準則，在產品構想階段應該進行哪些資訊蒐集？取得什麼樣的支持？到了開發產品階段又應該有哪些基礎計畫將知識進行有效的留存與記錄？每個階段應該注意的事項有完整的知識管理文件，日後就可以降低重複投資訓練資源的浪費，同時也提升整體工作的品質。

三、跨層級跨部門交流：善用軟性活動，促進互動學習

帶團隊除了需要理性的目標管理以外，更需要感性的情感包容，在組織中必須持續、有目標地進行交流與溝通，避免所有互動只有在硬梆梆的會議中聽取報告和檢討。可以參考的做法有成立週末讀書會、跨部門交流聚餐等，讓各個不同層級的同仁透過不同的交流形式，互相學習，瞭解彼此，也能使得組織間的溝通不過度嚴肅、僵化。

台灣一句諺語：「嚴官府，出厚賊！」嚴刑峻罰未必能有效提升治理的效能，相同的道理運用在企業的組織管理中，現今的社會型態已不再封閉與畏懼威權，身為管理者要能夠體察組織成員的想法與需求，同時藉由更廣泛的資訊蒐集，讓自己做出最即時和正確的策略判斷。

相較於過去老闆們的高高在上，**現在的經理人更應該學習放下身段貼近基層，避免不必要的情緒，並且要懂得運用聆聽的技巧，成為員工能信任、願意跟隨的主管，**而不是員工畏懼且不願意跟你說實話的老闆！

19 ▼員工不認同公司策略，要用對方法溝通

網路公布欄發出郵件通告著一系列公司即將引進的代理商品，以及預計實施的一系列產品教育訓練課程表，志強看到之後，直接跟隔壁座位的承恩大聲地說：「拜託噢，你看到沒？這些產品都不是一線品牌，也沒有比現有的產品強到哪裡去！為什麼還要浪費資源去代理啊？」承恩也附和說：「是啊，還嫌我們要賣的產品不夠多，事情不夠忙嗎？一大堆的課怎麼上得完啊？」

兩個人一人一句的唸個不停，整個辦公室超過一半以上的人都聽到了，讓冠宇心裡很不痛快，但卻又不想立即跟他們在這個話題上展開對話，因為志強和承恩都是業務部名列前茅的業務高手，如果他這個主管在辦公室裡和兩個資深業務，針對產品有爭論，他擔心這個議題反而會變成焦點。

但是公司引進新產品就是希望能夠擴大產品的涵蓋客群，並且讓獲利率能夠加速提升，不過卻遭遇到部分業務同仁的消極抵制與反彈，這也讓冠宇很困擾，而且不知道該怎麼做，才能改善

這個問題。

有良好的溝通才能獲得員工的認同

多數的組織都必然會遭遇一個相同的問題：「組織的策略無法讓所有人滿意！」因為這原本就是一個無法百分之百達成的目標，所以我們必須先清楚地知道：無論再怎麼好的策略，都必須要有良好的溝通，否則就會變成「下情無法上達」、「有想法卻沒做法」，徒有策略卻無法透過組織的力量落實執行。

德國哲學家哈伯瑪斯（Habermas）在其所提出的「溝通行動理論」（theory of communicative action）中就特別強調「溝通理性」（rationality），而其主要的精義就是：「要透過啟發溝通對象的自主思考，以及對於溝通內容的理解與思辨，最終才能夠產生確實的認同。」

然而，許多企業在執行所謂的公司策略時，多數時候並沒有辦法完整地與基層員工進行溝通，甚至是由高層決策之後就逕自公告實施，因此難免就會造成基層員工因為不理解，或因對其工作產生影響而有所反彈。

如何讓溝通變得簡單又容易？

許多經營者或是公司管理階層可能會覺得：「公司的政策就是公告之後，層層要求落實就對了，越多溝通只會創造出更多雜音與意見，徒增困擾與管理的困難。」也或許有一些主管覺得自己並非口才一流的溝通大師，堅持要做這些溝通的工作，反而會造成自己的負擔也未必能夠達到目的，所以索性就省下這些煩人的過程吧。

但實務上，溝通並不一定要弄得那麼艱深複雜，尤其是當企業能夠建立一個資訊透明、願意接納建議的信任文化，任何的溝通都將變得相對容易。因此，要使溝通變得簡單有效，有下列幾個做法可以參考：

1. **將公司的核心價值以簡單易懂的一句話說出來：**像是「科技始終來自於人性」或是「只有遠傳，沒有距離；靠得更近，想得更遠」，讓顧客、員工都對企業的價值觀產生認同。
2. **定期公布公司的重大訊息：**包括人事異動、經營績效、重大事件、業務動態等，讓公司多數資訊能夠透明化。

3.設置公司與員工雙向溝通的管道：像是電子化的員工內部刊物或社群平台（Mail、App或Line等），讓員工可以反映意見與建議。

4.透過由下而上的政策討論，發展公司重大政策方向：讓事業部門擬定自己的發展策略，再逐層堆疊與聚焦形成公司的長期策略，可最大可能地凝聚大家的共識。

5.公司已定案要推動的政策辦法或策略方向，可以在正式公告前，先以小眾且密集溝通的方式來強化落實的成效：例如先做所有部門主管的溝通說明，再分別至各部門，由部門主管協同對員工說明。

溝通的大忌：缺乏傾聽的耐心

無論哪一層級的主管都非常容易犯下的錯誤：「缺乏傾聽的耐心」！也因此，很容易讓自己和員工之間無形中增加了許多距離，因為每當員工表達意見或是提出看法時，主管都沒有耐心聽完就做出裁示，這樣的結果最容易讓同仁感到不被尊重，也會對於自己的建議是否會被主管接受感到懷疑，最後就會認為公司的決策都只是少數主管的個人意志，進而缺乏認同與成就感。

所以，多一點耐心傾聽同仁的意見，適時給予回饋及討論，並藉由同仁提出意見的同時，盡量將意見與公司策略的同質性連結起來，讓同仁能夠對公司的目標與策略產生認同與信心；而非以主管的權威，強勢地表達要求，造成溝通適得其反。只要能夠善用傾聽的技巧，自然能使溝通變得更簡單有效。

20 ▼ 領頭羊或牧羊犬？：用領導力贏得員工愛戴

雅婷遠遠看見一群同事正在茶水間閒聊，快步走上前去，想要湊過去聊兩句，但她人還沒走到，大家就突然一哄而散，各自走回自己的座位工作！讓她頓時覺得非常尷尬。

另一方面，她回想起：上個月請祕書約幾位本季表現優異的業務同仁一起聚餐，約了一個多禮拜卻一直敲不定時間，因為不斷有人因著各種理由無法出席，好不容易約定了時間卻又有人臨時有事無法趕到，最後訂了一整桌的宴席菜卻只有五、六個人吃飯，所以也只好草草結束聚餐，雅婷還打包了一堆剩菜回家。

這些狀況讓雅婷心裡不斷地犯嘀咕……究竟自己是做了什麼事情？為什麼總是很難和同事們打成一片？是自己管理風格上有問題嗎？或者這就是擔任主管必然會和基層同仁產生的隔閡與距離嗎？自己是否需要調整？該怎麼突破這個困境呢？

主管該是領頭羊還是牧羊犬？

作為一個部門的主管也好，或是擔任一家公司的執行長也罷！其實在帶領團隊的同時都面臨著一個相同的問題，究竟要抓哪些事情管？哪些事情應該授權不要插手？好的經理人須懂得透過：適時、適度、適法地去運作組織，整體的效益才能夠有最大的發揮，但是好的領導者除了掌握發揮組織效益的訣竅，更需清楚知道要能夠找到對的方向、激勵團隊熱情並帶領大家前進。

而我們也必須理解，管理的細節就是會有：人、事、資源分配與調度的衝突和協調，必定會產生「主導者」與「受主導者」之間的溝通問題，當溝通不足或是技巧不佳，當然也就會形成資訊的落差與認知上的不同，最後導致「受主導者」對於「主導者」的不信任與情感不認同，這也會讓組織的運作受到影響。

所以，當管理者過度專注在細節上的時候，很容易會將如何鞭策團隊作為主要聚焦的工作，反而忽略了方向與願景的溝通，讓自己成為「牧羊犬」的角色而不自覺；其實作為領導者更應該是走在組織的前端，帶頭示範或是給予大家清楚且願意跟隨的方向，就像是「領頭羊」般地帶著團隊向前衝刺。

領導特質讓你贏回員工愛戴

知名的心理學家弗里茲．海德（Fritz Heider）提出的「歸因理論」將人的行為歸因分為兩種：一是「情境歸因」，屬於外部因素，此類行為發生係因受到情境（環境）所影響。二是「性格歸因」（dispositional attribution），屬內部因素，此類行為係因為自己的個性所造成。

所以，組織成員對主管的信賴度與互動頻次，一定與管理的方式及辦公室氛圍有著密不可分的關係。

就外部因素而言，應該要鼓勵組織成員勇於表達意見，發揮創意！不要輕易批評或是壓抑不同意見，形成比較多元且自由的組織氛圍；而內部因素部分，雖然性格上的缺憾很難在短時間內克服，但是可以透過管理方式的調整，避免讓自己變成和「牧羊犬」一樣的吃力不討好，下列的幾點可以作為參考。

一、釐清工作的重要優先順序

舉例來說，業務主管最重要的工作是達成業績目標，那就請將精力與重心放在協助業務達成業績，不要本末倒置地將與業績達成關聯性不高的事情當作重點要求，反而造成組織成員的額外負擔。

二、條列清楚工作要求，並適切說明原因與方法

主管讓人不易信任的主要因素之一就是「語焉不詳」，或是喜歡使用「少廢話，你照做就對」這一句話！因為缺乏溝通與沒有清楚指示的工作交辦，最容易產生彼此的認知落差，而威權式的指揮方式，更是最容易讓執行者心生抗拒。

三、善用「指導」與「協助完成」，而非「指示」與「要求達成」

要讓你的團隊成員心悅誠服接受你的領導，最關鍵的因素不是管理的力道或嚴格程度，而是你是否能夠獲得團隊的信任和打從心裡面的支持，所以將團隊成員的工作視為你工作的一部分，當你希望他們完成任務（其實也是你任務其中的一部分）時，要誠心地認為他們是在幫助你，而在彼此具同理心與互相體諒下，共同努力完成工作，真的比被要求完成更有成就感！

主管的重點工作：激勵團隊與建立信任

事實上，擔任主管或領導者的工作，應該要清楚地認知到這是一份孤獨的工作，因為你很難百分之百滿足所有人的期望，也沒辦法事事討好或是將每件事情說得清清楚楚，有時難免會被同仁誤解、抱怨或是在背後批評，但這一些都不應該是主管需要過度在意的事情。

不過作為一個好的領導者，應該持續不斷地關注團隊的士氣及對於你的信任，團隊是否願意忠實且積極地執行組織的決策，共同努力朝著目標前進，團隊成員彼此是否有良好的團隊合作精神，也都和領導者有著密不可分的關係。所以不奢求與每一位團隊成員成為好朋友，但持續地經營團隊的組織認同感與建立組織文化，是領導者不可忽視的重要工作。

4

CHAPTER

團隊的建構與激勵

21 ▼ 四個標準，找到「對的人」

會議室傳來一陣嘈雜的爭執，尖銳的聲調帶著一連串情緒的字眼，讓會議室外的所有人都噤聲不語。這時會議室中的家華正耐著性子聽柏宇大聲地抱怨，在場的人資主管一臉尷尬，出聲提醒：「家華是你的直屬主管。他有責任和權力調整你的工作內容，也能在你和其他同事對工作有不同意見時，做出最終的判斷與決策。」但柏宇一點都聽不進去，只撂下一句：「我們走著瞧。」逕自走出會議室，留下滿臉錯愕的眾人。

柏宇一直是公司的不定時炸彈。他曾待過其他部門，但那些前主管都受不了他總是抱怨、怪罪別人的脾性，不是自請離職，就是直接把他轉調去其他部門。家華早就耳聞柏宇的問題：大部分的同事都和他有過衝突，一旦有人和他的看法不同，柏宇就會覺得其他人有錯，甚至會越級投訴至各級主管，嚴重影響公司內部運作。

家華發現，當初人資部門過度偏重專門技術，迅速就敲定符合資格的人選，缺乏確實的資歷查核（reference check）和評估，最終聘用了專業能力良好、性格卻難相處的員工，造成用人單位的困擾。之後不斷地轉調，也只是將問題擴散到更多的單位，沒有實質上的幫助。

專業能力外的四個選才標準

用人唯才是公司聘用員工的基本原則，但在訂定「人才標準」時，可以從不同面向去考慮，而非聚焦在專業能力。我認為可以思考的面向有四個，包括智力指數（intelligence quotient，簡稱IQ）、情感指數（emotional quotient，簡稱EQ）、逆境指數（adversity quotient，簡稱AQ）、道德指數（moral quotient，簡稱MQ）。

一、智力指數（IQ）

除了傳統的智力，也泛指專業與技術能力，這在研發及產品開發等職缺上會格外重要。而技術知識的深度與廣度，會隨著工作層級的改變而不同，基層需要的是深度，而管理或是策略制定則需要廣度。選才的同時，公司也必須考量職缺的層級，以評估應有的特性。

二、情感指數（EQ）

無論哪種工作，情緒管理的能力都很重要，但這卻是主管在面試時極易忽略的人格特質。雖然在面試時不易百分之百地透過面談來判斷，但依然可以經由面試者履歷的呈現方式，以及詢問過去服務過的公司，得知求職者的EQ程度。越是重要的職缺，越要做好資歷查核，諮詢求職者前公司的看法，以免誤踩地雷。

三、逆境指數（AQ）

對於業務及主管職缺，這項指數尤其關鍵。求職者在遭遇挑戰及挫折時，是不是有適當反應和韌性？在面試時，主管可以給予比較嚴厲的挑戰，或是給予求職者比較直接的負面評價，觀察他會採取什麼態度因應，從中判斷他的逆境指數。

四、道德指數（MQ）

對於企業而言，這是一個文化問題。多數企業都會有一套道德標準，在員工守則中應該都會清楚的載明：什麼是員工一定要遵守的基本原則？例如：有些企業嚴格禁止員工收受任何餽贈或接受招待，甚至一杯咖啡都不能夠讓廠商付錢，這些規範應該要在面試時清楚地告知求職者，確認對方的反應。目前許多企業正在推動「企業反賄賂及反貪汙供應商行為準則」（**anti-bribery and anti-corruption suppliers of conduct principles**），對於整體的社會環境及受雇者都有正面影響。

任何企業都希望能夠不斷成長，而這樣的成長一定需要符合組織需求、能夠與公司共同成長的人才。因此人才選用可說是企業成長與否的重要關卡，如果能有一套良好又有效率的人才晉用機制，那麼公司的成長與獲利必然指日可待。

反之，如果公司的人才選用機制失效，找到不適任的人所產生的影響，將不只是原本的需求無法滿足，甚至要花更多的資源來處理發生的問題。所以清楚且嚴格落實的選用人才機制，絕對是企業不可輕忽的重要策略。

22▼中小企業可用的尋才與培訓方式

俊傑看著桌上幾個大型專案的合約，雖然拿下大案很高興，但心裡也擔心究竟有誰可以來擔任計畫負責人。公司這兩年因為轉型而快速成長，但是內部可擔當重任的人才卻銜接不上，現有的同事多數都被綁在既有的工作上，每個工作都是一個蘿蔔一個坑，無法隨意替換，也因此案子接得越多，風險就越大，深怕哪個案子品質沒顧好，反而砸了招牌。

其實許多中小企業或多或少會遭遇類似的問題，特別是公司處於成長階段，還未達規模化、建立完整制度，必然會有許多事情沒能預先規劃清楚。尤其是在「人」的投資與培育上，更是容易讓中小企業主裹足不前，因為中小企業在吸引人才及留才的誘因往往不及大型企業，人才取得不易，必須自行培養，但一旦投資過多的人才訓練成本卻可能留不住人，等於是在幫別人培養甚或是增加自己潛在的競爭對手。

如何尋才？從根扎起，持續注入新血

一、發掘出公司吸引年輕人的特質

其實現在已經邁入資訊匯流的新世代，年輕人已經不再信守舊有的陳規與觀念，鮮少願意被僵化的制度所綑綁，也有許多人願意參與新創公司及微型創業，希望以自己感興趣的工作為優先，而不是以公司的規模或是既有的福利條件為唯一考量。

因此，對中小企業或是新創公司而言，反而應該考慮的是如何讓自己的公司具備吸引年輕人參與的特質？不要一味地去模仿大企業的制度與規範。

二、善用校園徵才和企業實習

另外，不要輕易放棄參與校園徵才的機會。許多中小企業都會以為校園徵才是大企業的專屬權利，但如果能透過與學校合作的方式讓年輕學子提早進入企業實習，藉此讓企業有機會與學生相互瞭解，就能提升被新鮮人選擇的機會。假如再配合畢業後就有機會進用的「新人培訓計畫」（rookie program），更能有效、源源不斷地引進新血。

如何留才？幹部輪調升遷，培養視野與同理心

成長階段的公司面臨的最大挑戰，就是「能擔大任者只有老闆一人」！這不僅僅是一個風險極高的困境，更會嚴重限縮公司的發展。如果公司想要持續健康地發展，就必須設法從一人帶領，轉向靠著「組織」運作來創造績效。

一、職務輪調，培育能擔大任者

好的人才不必然只能待在單一性質的工作，可以嘗試輪調、經歷各種工作，以培養他的視野，減少他形成專業成見而導致組織中的「穀倉效應」（silo effect）。比方說，一個非常優秀的研發人才，可以在有充分共識的前提下，輪調擔任行銷單位的工作，讓他體驗面對客戶的感受，更清楚知道客戶的要求，再回任研發部門時必然也能更貼近市場的需求。

多重的工作經驗與輪調之後，公司內的人才可以對於各個部門的工作性質與挑戰有充分的認知與同理心，也就更能夠在彼此合作的過程中產生更大的協作效益（collaboration effect），而能培育出比較宏觀且能擔當大任的主管人才。

二、各部門設立「接班人計畫」

公司中不同的部門主管，都必須有人才接續，所以每個部門也應該有計畫地培養人才，設立「接班人計畫」，讓關鍵的人才能夠進入到關鍵位置。

這其中的微妙之處則是哪些人是關鍵人才？透過前述的輪調制度來觀察每個人才面對不同挑戰的「適應力」、學習不同專業的「學習力」、與不同組織融合的「合作性」、領導同仁達成目標的「領袖特質」等，這些都可以作為參考，因此與其擔心蜀中無大將，還不如落實在自己的組織中不斷輸入新血及培育自己的關鍵人才。

23 ▼ 新人三三兩兩進來，如何培訓？談「新人導師」制

業務主管彥廷剛接到人資的電話，告訴他月初會有一位新進業務報到，請他確認新人該由哪位資深業務來帶。彥廷跟人資抱怨為什麼開了三位業務的人力需求，找了好幾個月卻只來一位？接著又抱怨公司為什麼沒有提供新人教育訓練，還要業務單位自己去安排新人的訓練？

其實，很多中小企業都面臨類似的挑戰，從需求與供給的現實狀況而言，小公司很難有長期大量招聘新人的情況，因此每一次新人進入公司都是間隔一段時間，而且人數三三兩兩缺乏規模，**不只很難即時滿足用人的需求，也很難進行有計畫的新人教育訓練**。

資深業務未必適合擔任「新人導師」

我剛開始擔任業務主管時，常會指派部門裡的資深業務帶領新人熟悉公司規定，並跟著拜訪

客戶，希望藉由老鳥的經驗傳遞幫助新人快速進入狀況。看似理所當然的做法，卻讓我付出了幾次頗為慘痛的代價。

有一次是資深業務幫忙輔導的新人總是在下午時段找不到人，而且這幾位新人都有相同的問題：銷售日誌的填寫時間延誤或是不確實。

經過進一步的瞭解後我才發現，負責輔導的資深業務雖然業績表現不錯，但是他知道我會在「晨會」之後開始處理前一天的訂單，一直到下午業務們回到公司開「夕會」之前都不太會找他們，所以中午過後如果他沒有拜訪客戶，就會回家小憩幾個小時或去看場電影，而這些「業務心法」也很自然地傳承給了這些新人。

另一次則是有位資深業務被同業鎖定為挖角的對象，但我們並未警覺到這個情況，仍將好幾位新人交給他輔導，幾個月之後該業務跳槽到同業公司擔任主管，好幾位業務也跟著一起離職跳槽。

所以一個組織要能夠順利運作，資源不足與制度未臻健全等現實狀況是無法預期的，但是可以透過有限的資源搭配良好的事先規劃，盡可能地避免犯下和我一樣的錯誤，減少不必要的資源虛耗。

如何篩選「新人導師」的儲備人選？

要從組織中找出適合輔導新人的資深業務，必須先清楚知道什麼樣的人格特質適合，再採取幾個必要的做法讓這些同仁心甘情願成為「新人導師」。

根據過去的經驗，業績最好的業務不一定適合擔任業務主管，相同的道理也印證在這個工作上。**好的「新人導師」篩選首重性格過濾，而這個性格過濾也包括導師與新人的匹配性。**

一般而言，導師的性格條件有下列幾個優先順序：

1. **穩定性**：工作的穩定性比較高（可參考他過去轉換工作的紀錄）。
2. **紀律性**：對於規範的遵守及尊重程度較高（也可說是服從性較高）。
3. **學習性**：願意持續學習且能夠堅持將問題解決。
4. **道德性**：相較於同儕有比較嚴謹的自我約束力，在意別人的看法。

上述的性格條件並非要求全部具備，但可以作為篩選合適同仁的參考。

三個基本做法讓「新人導師」脫穎而出

當你嘗試找出適當的人選，可以將幾個可能的儲備人選逐一列出，不要只鎖定一位對象進行，以提升培育計畫的效率，同時也確保能執行下列的方法。

做法一：儲備幹部計畫與新人導師計畫合併

訂定任職某個年資以上或考績連續三年為甲等的業務，將被挑選（或可申請）參與儲備幹部（MA）計畫，並且優先將已列入觀察名單的人選納入計畫，而計畫考核標準中最重要的核心工作，就是新人訓練的導師計畫（mentor program），透過儲備幹部計畫，期許他們成為公司的管理階層，且願意無私地輔導新人。

做法二：採導師輪換制度來觀察成效差異與適當平衡

一般而言，當新人委由某位導師輔導，必然會建立團隊情感，也因此可以提升新人與組織之間的黏著度。如果導師的幫助多數是正面積極的，對新人的幫助將會很大；但也有可能會因為導師制度而形成個別的小群體，或是造成不當競爭與管理上的困難。所以，在培育新人導師的階段，可以讓不同的導師儲備人選輪流輔導同一位（或同一批）新人，藉此觀察其中的差異且避免造成困擾。

做法三：給予「新人導師」參加外部管理課程的權利

透過這項福利，可以觀察「新人導師」本身的學習態度與意願，同時也可以藉由外部訓練的方式，將新的管理知識與方法，經由這些種子學員引進到公司內部，讓中小企業也可以有系統地做好新人培訓，以及工作方法的汰舊更新。

簡單來說，「新人導師」不只是為了培訓新人，也是公司建立基層幹部群的方法，如果能夠妥善運用將可為中小企業帶來明顯的助益。

24 ▼ 團隊做事沒效率的深層原因

經過一個連續假期後，辦公室的氣氛總是讓人覺得有點詭譎！不斷聽到祕書叫著：「○○○，老闆找你，五分鐘後到他辦公室來。」一個早上前後已經超過三位主管被請進去問話了！

品睿整個心情一直都糾結在一起，因為放假前交代下屬們一定要完成的幾項工作，在假期結束後才發現都沒有如期、如質完成，搞得自己也很懊惱！

因為假期前總覺得難得的連續假期前夕，不要再緊迫盯人地把每一個案子都重新檢視一遍，免得壞了大家放假的心情；但是這一念之差，換來的卻是一整個大失誤，不僅面對客戶的要求很難即時交付，更使得自己在團隊面前想要維持的理性包容形象一夕破功。

自己也曾經因為要求嚴苛，習慣在同仁沒有依要求將工作做好時，就會破口大罵或是以嚴厲的口吻質問，最後導致多數工作都要由自己親自參與才放心，而團隊成員的流動率也一直居高不下，所以品睿才會參考其他主管的建議，嘗試讓自己的管理風格稍作改變，但沒想到仍是無法有效地提升團隊效率，真的讓他不知道該怎麼辦！

關鍵的人對了，事情就對一半了

根據管理學家勞倫斯．彼得（Laurence J. Peter）所提出的「彼得原理」（Peter Principle）所述，現代的組織管理中已廣泛採用「等級制度」，而組織中的晉升是根據年資、經驗、績效等逐步累積，其中雖然有許多理性的指標作為依據，但實質上仍無法擺脫因情感或是人為的因素影響。

所以，每個職員都可能會因為任職時間久了，最後自然晉升到他所「不能勝任」的位置為止，因此占據著每個職缺的人未必是最佳人選；另一方面，許多複雜的專案或管理的工作，未必是過去「執行」績效卓著者必然能夠勝任的，最常見的例子：業務高手未必會是好的業務主管，最棒的程式設計師，未必能夠做好研發的專案管理工作。

任何組織要能夠持續達成高績效的成果，最根本的成功因素就是：用對的人，做對的事。所以在位置上的人未必是最佳人選，但如何將工作分配給最適合擔綱的人，而不是單純將工作依照組織分工分配下去，這將會是該項工作，是否能夠達成期待的關鍵。

也因此，過去許多成功的案例不斷出現，一個老舊的組織會因為破格進用新人或是啟用不同文化的新領導者，而產生了突破性的進展，其原因也正是因為如此。

組織的效率不彰是一種常態嗎？

其實要定義一個組織是否正面臨著「所用非人」的情況，應該先徹底地檢視所發生的效率不彰的問題是一種常態？還是一部分的偶發事件？如果在組織日常運作的工作上，都出現非常明顯與預期有所落差的情況，那麼關鍵位置的人可能就必須考慮該如何調整，將對的人放到對的位置去。

反之，如果組織中的效率不佳是在某些特定的工作上發生，那麼就有下列幾種可能：

1. 組織成員對於該項工作的專業職能不足。
2. 組織成員對於該項工作的目標認同不夠。
3. 組織成員對於該項工作有潛在排斥的心態。

其中，第一、二項均可透過持續的教育訓練和溝通來改善，但是在組織中有許多潛藏著的情緒或是工作的反彈心態，是需要主管透過持續不斷地觀察與溝通才能發現。

舉例來說，工程技術人員會因為知道其他競爭對手引進較進步的工具，使得相同的工作可以比較省時、省力地完成，而對自家公司的工具相對落後心生不滿，覺得公司進步較慢，缺乏長期發展潛力，進而對自己現在的工作產生懷疑，甚至衍生出消極心態，抱著應付了事的態度面對自己的工作，最後就形成一種無法控制的惡性循環。

別讓組織變成綁手綁腳的繩索

一個過度依賴官僚系統運作的組織，最容易被官僚系統所綁架！但要如何在避免過度「人治」的前提下，能夠讓組織的制度充分發揮功能？能夠具有彈性、迅速因應需要，讓人適才適所地一展所長呢？

以下幾個觀念和重點可以參考：

1. **扁平化的組織型態：**減少決策者與執行階層之間的距離，讓決策的速度與監督的力道都能更直接。

2. **組織成員間的信任關係：**所有的組織之所以會有認知或溝通的誤差，最大的「障礙」就在於信任關係，許多領導者會忽略這個因素，甚至會在無意間製造組織成員間的互不信任，那麼再好的人才也難發揮功用。

3. **建立專業效能的文化：**一個好的組織必須鼓勵成員不斷學習與成長，而且要尊重專業讓大家相信組織的正向循環，例如：升遷不是靠年資排隊輪班，努力工作、績效良好會得到公平的肯定等。

4. **理性尊重，賞罰分明：**無論職務高低，組織中的每一份工作都不分貴賤，職務越高越要懂得尊重其他同仁，建立一個理性管理且凡事可以說道理的環境，避免「官大學問大」的盲從文化，同時也必須建立良好的機制，使得組織獎懲公平。

5. **向年輕世代學習管理：**每一個新的年輕世代加入組織，就讓組織的文化受到一次衝擊與改變，組織需要更多的新血加入，就必須學習用年輕人的思維方式與他們溝通，以他們能夠接受的方式激勵他們，讓組織中的年輕人願意自動自發，就不必擔心組織的效率不會提升了。

團隊做事缺乏效率只是問題的表徵，而組織的文化與領導者的觀念態度才是核心所在，唯有領導者對待團隊的心態對了，才能夠潛移默化地使團隊效率與領導者的期望越來越近，甚或是超越領導者的期望。

25 ▼ 主動式休假管理，帶給員工幸福感

雅婷一大早進辦公室就覺得怪，剛過完新年長假，每個人卻都一副精神不振的樣子！坐下來看見桌上一疊請假申請單，更是怒火中燒！隨手挑起了放在最上層的一張假單，就撥了電話給批這張假單的部門主管，問道：「為什麼才剛放完長假，你的部門又一堆人請假？你要管一下嘛，不要這樣當濫好人可以嗎？年前積壓的工作已經嚴重落後了！不要再隨便准假了！」接著她又發出一封郵件給轄下的所有主管，要求嚴格審批年後請假的假單，非必要的請假應該從嚴核准，特別是生產力已經落後的幾個單位要更加謹慎給假。

隔了幾天，雅婷桌上突然多了幾張離職申請單，於是她找了人資主管和部門主管來做瞭解，才發現她的政策性要求已經造成基層員工的反彈，幾位員工在請假申請被主管駁回後，索性就直接提出離職申請，反而造成員工之間的議論，大家都覺得公司只考量生產力和績效，卻不能尊重員工的休假權利，所以士氣反而因此更加低落。

「假期後症候群」不是怠惰而是一種疾病

根據心理醫師的臨床研究，「假期後症候群」（post-holiday syndrome）是現代人的一種心理上的疾病，因為平常工作時高度的緊張與專注，在長假期間又會因為過度放鬆或缺乏身體的活動，所以返回工作崗位時很容易因此而不適應，甚至會產生一些心理或生理上的反應，包括情緒不穩定、容易疲倦、身體不適或是精神不能集中等症狀，這也促使一些人會在長假期之後，透過延長休假來調適，或是尋求專業醫生的幫助，讓自己能夠盡快地恢復愉快的工作心情。

而主管在面對這個現代人的文明病，該怎麼樣處理才能夠有效幫助員工呢？

以寬容與包容的心態來看待，我相信一定會比負面地認為員工是消極怠惰來得好，也因此，我們如果能理解這個狀況，並針對可能有的問題提前在假期前就進行因應，就不會在假期後造成公司營運與員工休假上的衝突。

「主動式休假管理」幫員工建立健康身心

其實我相信一個能夠讓員工感覺自己非常「幸福」的企業，必然會有非常好的績效表現，因為員工的動力不是由壓力所驅使，而是對企業的向心力和對企業永續經營的期盼所帶動，所以公司根據法令給予同仁的休假權利，與其被動等待員工來申請而造成工作分配上的困擾，還不如主動協助同仁規劃應該有的休假，這不僅有利於員工，更有助於公司營運管理，而具體的做法可以有以下幾項：

1. **年度特別休假**：根據勞基法規定的「年度特別休假」從六個月至未滿一年年資的三天，到一年以上年資的七到三十天特休假，多數勞工都會用來安排旅遊或與家人相聚，部門主管可以每年年初與員工討論，主動提前安排休假的時間，以避免大家都在同一時段請假，如寒、暑假期間，或者是連續假期前後應該錯開休假。甚至可以鼓勵年休假若配合避開公司須加班的旺季，可以有額外的給薪假補償。

2. **長假期的休假規劃**：多數企業都會依照政府規範的年度行事曆決定上班日與休假，但不同的企業其實也會有不同的季節性，尤其是慣例性的假期（春節、春假、黃金週假期等），企業可以主動與員工協商調整上班與休假時間，以達成公司運作效益最佳化，例如：員工放假與收假日期相互錯開，以使公司產能持續不間斷，而配合假日上班除法定加班費以外，可給予與連續假期可接續的補休，以鼓勵員工：努力工作，也盡情休息！

3. **落實代理人與工作備援：**企業的經營一定要依法落實勞工法令，只要是依法合理的請假，千萬不要讓員工覺得請假變成一種壓力，透過主動規劃和關心員工的方式提升效率及請假的可控性，並且應該落實每一項工作都有人可以代理及備援，避免因為特定人請假而使得工作中斷。

新技術、新思維讓企業更有競爭力

事實上，今天的企業經營已經面臨許多新觀念的衝擊，尤其是新的協作方式將成為企業競爭力的關鍵，例如：因為網路與行動通訊的普及，許多企業允許員工在家工作，只要資訊安全防護能夠落實，此舉不僅大幅度降低企業的營業費用（辦公室空間、行政管理費用等），更能讓員工兼顧家庭、減少通勤支出而大幅度提升員工留任的意願，甚至吸引更多潛在的人才加入。

另外一方面，也有許多企業採取「人力派遣＋專案協作」的方式，開發新產品或鼓勵員工內部創業，將專案外包由這些員工承攬，這使得過去固定的朝九晚五的上班方式與心態也隨之改變，企業的整體效能也大幅提升。這也說明了企業面對快速變化的技術與思維的變革，唯有不斷調整自己的想法與做法，才能夠與時俱進而保持最佳的競爭能力！

26 ▼ 避免員工自評淪為作文比賽的兩個做法

星期天的早晨，大家都還在補眠，大雄卻默默開車去公司加班，因為年度考績評核遲遲沒有完成，以致於人資部門不斷打電話來抱怨，只好利用假日趕工，將所有員工的自評看完，逐一給予回饋、核定最終的考績評等（performance ranking）。

但是打開電腦進入系統後，真的讓他差一點氣到直接關機！幾乎每個員工的自我評量，都沒有做出大雄期望看到的自我檢討，只是一面倒地強調自己的辛苦和付出，好像公司多麼虧待大家，或是主管根本沒有盡到協助與輔導的責任。

大雄心裡面不斷地回想：究竟是哪些地方沒有溝通清楚？為什麼大家完全沒有意識到自己需要改善些什麼？這樣下去，怎麼能期望有所改進和進步呢？

其實，**多數員工都清楚年度的考績會影響到自己的獎金或升遷，所以每個人都期望老闆看到自己辛苦和優秀的一面**。但是對於主管而言，這些單方面的自我辛勞表述，應該不是當初設計

「員工自評」的主要目的，因此該怎麼樣溝通才能讓員工坦然面對自評，誠實反映自己在工作上的狀況？

做法一：設定具體標準，讓考績評核公平化

許多公司的考績制度淪為作業形式，主因是：不相信讓老闆知道這些困難與自己的不足，會得到應有的協助和資源。簡單來說，就是大家都不相信這是一套公平的制度！一旦說出自己的不足，可能帶給主管負面的印象，即便其他地方做得不錯，還是會影響考績。

要如何能夠讓大家相信呢？從訂定績效評核標準而言，應該要求員工提出具體的想法且在年底可以逐項檢視，而提出的內容應包括量化指標、質化的想法，以下三個面向可以參考：

- 設定具體或可量化的目標（number of quota or KPI）。
- 可行的執行計畫（achievable action plan）。
- 個人學習與職涯發展想法（career developing & learning plan）。

唯有依循清楚的標準來要求員工設定自己的目標，才能在評核的時候依照標準與具體的結果來衡量。反之，如果主管對於員工所設定的年度目標沒有仔細地要求，員工績效目標的主軸就會顯得發散、不夠具體，也就很難有一致且公平的評核標準。

做法二：讓考績制度成為檢討與溝通的平台

另外，考績不應該只是分出員工表現優劣的工具，更應該成為讓員工與公司在不同階段溝通與檢討的平台。這個涉及員工利益的關鍵時刻，是讓員工願意真心反映自己意見的絕佳機會，因此在一個具體評核標準之下，還可以採取以下幾個具體的行為來做好考績溝通。

一、具體說明自評應檢討的事項

想避免員工自評淪為自我表現的作文比賽，就該清楚規範自評內容的主軸及檢討的項目，並且要承諾自評中所反映的問題或需要自我改善的項目，不會影響主管衡量當年績效達成的具體成果。

二、待改善人員的重點面談

針對可能被列入考績低於一般水準的同仁，應該要由直屬上司或上一層主管進行一對一面談，以瞭解當事人是否知悉組織對於他的表現不滿意之處，並聽取他對於這樣評價的反應與想法，以免造成員工與主管之間的認知落差和嫌隙。

三、績優員工評選會議

由跨部門的主管組成評選委員會，針對各部門被評核為表現特別優異的人員進行公開審核（excellent employees committee），被提名績優人員的直屬主管必須說明提名的原因與績優的事實，以促進各主管對績優人員的評定標準趨於統一。

簡單地說，績效考核是為了讓組織中的每個人清楚自己在過去的表現，透過檢視執行的成果與當初所設定目標之間的差異，為自己來年的工作做好規劃。因此，**組織要做到讓員工不必修飾、欺瞞自己仍有尚未達成的期望，且能勇於跟公司和主管反映自己所遭遇的挑戰和需要協助的需求，最終得出公平的評價與肯定，公司也能得到真實的意見反饋，作為經營的參考。**

透過前期的「目標設定」有清楚的標準，再加上期中「執行追蹤」有確實的檢視與反省，最後在完成考績評核前有「確實溝通」讓員工與公司之間沒有認知的落差，那麼績效制度的運作就能發揮最大的效果。

27 ▼ 中小企業留住關鍵人才的三個方法

最忙碌的星期一早晨，宇翔剛走進辦公室就看到祕書留在桌上的便條紙，人資部門的麗華有急事要來說明，於是在他打開電腦簽完最急的幾份簽呈之後，就打電話請麗華來他辦公室報告。

「老闆你知道嗎？今天一早我就收到了三份離職申請單，技術部門又有資深的工程師要離職！」宇翔一臉狐疑地問：「為什麼會這樣？不是三月份才剛剛調薪嗎？」麗華回道：「老闆，上禮拜我就已經聽到風聲了，因為新的法令規定產品必須有合規檢測，所以具備相關技術的軟體工程師市場需求很大，一些外商公司為了快速符合國內的法規，祭出高過行情二〇％到三〇％的高薪在業界挖角，我們家許多資深同仁都被接觸過了！」

另外麗華又給了宇翔一份資料是關於年度軟體證照補助及獎勵辦法，建議公司應該給予技術部門同仁可享有外訓的補助，並且在考取軟體證照後可以依照等級領取獎金。

宇翔隨口一問：「這個辦法估計要額外花多少錢啊？」麗華回覆：「老闆，這可能要增加三％到五％的人力成本，但沒辦法啦！因為和我們競爭的主要大廠，幾乎都有類似的補助與獎勵，我們很難不跟進啊！」

宇翔心裡一陣嘀咕……這樣的投資真的值得嗎？我會不會是在花大錢幫別人培養人才呢？

面對人才挖角風險該怎麼辦？

企業若不是在產業中擁有著絕對領先的優勢，就很難避免遭遇到同業或是相關產業挖角人才的風險，因為彼此之間的規模或市場優勢旗鼓相當，要能夠超越對手或快速成長，最快的方式自然是在同業間吸納最多的人才，面對人才的培育不易又難以擺脫的同業挖角風險，中小企業究竟應該如何克服這樣的困境？

根據「馬斯洛需求理論」（Maslow's hierarchy of needs），人類需求分為五個不同的層次（生理、安全、社交、尊重、自我實現），因此要解決留才的困難問題，必須從根本的需求來解決，而從公司層面則有下列三個實務性的策略可以參考：

1. **關鍵技術人才的內部培育**：公司應該長期且穩定地投資關鍵技術人力的養成，包括定期引進新人加入團隊學習〔在職培訓（on job training）〕，並且應該將公司的技術知識（know-how）有系統地系統化儲存成為「知識管理系統」（knowledge management system），透過常態性的內部教育訓練，讓人才可以滿足公司基本需求。

2. **具備彈性的薪酬制度**：過去高科技產業多數以「分紅配股」來留才，但在員工分紅配股實價課稅的制度實施後，高配股的留才方式也逐漸式微。事實上，在業務薪給的制度中常見的獎金制度，未必不能運用在技術相關性質的工作上，因為既然可以依照業績達成給予高額的獎金以留住業務人員，其實也可以對產品或技術產值評估相關人員的績效給予激勵，甚至可以設計產品分潤機制，以鼓勵技術人員開發關鍵技術或專利，這樣的彈性將能有效地使人才與公司更緊密的結合。

3. **鼓勵內部創業或利潤中心制度**：如果一家公司在研發或是生產技術上遭遇瓶頸，最常見的克服問題方式之一，就是委外給策略夥伴協助開發與生產，但是這樣的過程相對地就會稀釋掉一部分利潤，或是必須增加管理上的風險與成本，如果可以將自己內部的效率提升、減少外包，則效益就更大；因此換一個心態來運作，鼓勵內部成熟的單位或部門採取利潤中心的方式計算績效，或是讓可以獨立運作的部門成為內部創業的子公司，將更有助於降低成本及減少人才流失。

中小企業具備哪些留才的優勢？

過去大型集團公司或跨國外商挾著龐大的資源，以及品牌與形象的優勢吸納了大量的人才，對於中小企業而言，要在第一時間找到符合期待的人才殊屬不易，因此多數都只能退而求其次先任用願意加入的人才，再逐步地投入資源培育及養成。

但新世代年輕人的觀念與想法卻不斷地在改變，對年輕人而言，大公司所代表的其實也正是相對嚴謹古板或缺乏創新的形象，雖然福利與薪資不錯，但升遷緩慢又有繁瑣的制度與規範必須遵守。

所以中小企業應該善用自己的優勢，創造出符合年輕世代的工作環境與組織氛圍，不要一味地學習大型企業的繁文縟節和規章，而是要鼓勵發揮創意並多以溝通對話來建立組織的團隊向心力，例如下列的幾個具體做法：

1. **彈性的工時制度：朝九晚五已經過時了！**追求績效比每天定時定點的上班更重要！
2. **專案團隊制度：將職能分工的部門制度轉變成專案制**，每個專案團隊擁有跨各種職能的成員，能夠獨力完成專案，並將每個專案的績效與薪酬連動進行競賽，使工作與相互競賽成為常態。

3.不拘泥制式的職稱：不必受限於傳統的職系與職級分類，嘗試使用可以激發員工榮譽感及想像力的職稱，「軟體工程師」為什麼不能改成「軟體架構設計師」或是「資訊系統分析師」？「網路安全測試工程師」為什麼不能改成「白帽駭客」或是「首席資安顧問」？只要能彰顯員工的工作價值及成就感，有何不可？

簡單地說，中小企業最能夠創造的優勢就是貼近客戶與員工的想法，並且擁有快速應變的彈性與速度，所以千萬不要忘了自己的長處而自陷於無法與大型企業競爭的窠臼中。

28▼年終獎金之一：「恩給式」或「績效式」

「欸，有沒有聽說今年的年終要發幾個月啊？」「唉呀，別瞎操心了啦！每年都還不是一樣，賺多了老闆也不會多分給你啦！幾年了，永遠都是固定發一個月啦！」「不會吧？今年業績創新高耶！聽說獲利也超越去年，雖然整體利潤和公司年初訂的目標仍有一點差距，但是已經賺得比過去都多，總該多發一點年終吧？」

淑娟和美玲兩個人一來一往地討論著公司今年究竟會發多少年終獎金，在公司待得比較久的曉芬，在旁邊暗自盤算卻不敢接話，因為老闆早上才把她叫進辦公室，告訴她：「今年你的表現真的非常棒，我決定加發你一個月的年終獎金，共計二個月，但是要切記，不能跟其他同事討論，因為這不是一體適用！」

曉芬知道，今年公司雖然經營狀況看似不錯，但是明年的挑戰頗大，包括新產品開發、拓展新的通路，都需要更多的投資，老闆其實壓力也蠻大的！

而且，過去每年公司在發完年終獎金之後，就會有一批同事離職，老闆雖然每一年都在年後氣得好幾天不說話，但是每到年底還是狠不下心來，每年齊頭式地依照慣例發放年終獎金。

但是曉芬心裡很想提醒老闆：有一些人真的很怠惰，不值得給這麼多；有些人其實已經找到新工作了，即使年終再多給他一、二個月，他也一定會離開的……。

年終獎金該是「恩給」或是「績效」？

有些公司對於年終獎金沒有明確的規範，而是依照公司當年度獲利狀況，由公司經營者（或主管）浮動決定發放的多寡，這樣的做法比較像是老闆依照自己的想法及觀察，對於公司員工（全體一致或個別差異）給予一個年度的獎勵，我們可以簡稱為一種「恩給」。

另外一種方式，則是以月薪為計算基準，給予一個年度固定的獎金於年終發放，而且多數會給予基本承諾（至少X個月的月薪），而此一方式多數會與員工當年度或前一個年度的考績連動，表現特別優異會加權計算（X乘上一．二或一．五……），表現不佳則會折扣作為處罰（X乘上〇．九或〇．八……），因此也可稱為「績效年終」。

無論是「恩給」或是「績效」都有其優點，但也有無法避免的盲點。就以「恩給」的方式而言，最容易造成的問題就是老闆的獨斷，變成公司沒有穩定的制度，也容易讓員工缺乏有被保障的安全感；而「績效」式的年終獎金，則又容易變成一個在年底發放的固定獎金，缺乏有效的激勵效果，年終似乎只是一個缺乏期待感的定額薪酬，失去了促進績效提升或是鼓勵優秀同仁的作用。

讓年終獎金的效益極大化

著名的心理學家維克托．佛洛姆（Victor H. Vroom）所提出的「期望理論」（expectancy theory）中提到，三個因素決定目標與工作之間的關係，分別是：

1. 工作能提供的報酬。
2. 報酬與績效連結在一起。
3. 努力工作，績效就能提高。

而激勵（motivation）則取決於努力得到的成果價值（valence）×期望值（expectancy）。

M＝V×E（激勵＝成果價值×期望值）

也就是說，我們要達到激勵的目的，**除了要給予實質能夠獲得的報酬以外，也要懂得醞釀及滿足員工的預期心理**。如何能夠在獎金發放的同時，還能夠讓同仁覺得自己得到公司或主管的重視，獲得的獎勵超過自己期望的優渥，或是能夠激發起員工更強烈的動機，期待以更優異的表現爭取自己期望的獎勵，這才是每年發放獎金（無論年終或其他獎勵）的最佳模式。

因此不要讓公司發放獎金，變成公式化的作業；績效表現的落差反映在獎金發放上，卻沒有太大的差別；或是無法預期的獎金暴起暴落等，都容易讓發放獎金的美意適得其反。

如何兼具保障與激勵效果？

事實上，年終獎金已經變成企業與員工之間，一個基本薪酬結構的一部分，只是如何能夠既讓員工對公司產生信任，又能夠發揮激勵效果讓員工更加努力，以下幾個建議做法可供參考：

1. 以一般企業或政府為參考指標，給予員工基本的年終獎金保障，以符合國情及就業市場的通則，避免有時年終非常高，有時年終非常低，甚至沒有年終。

2. 將年終獎金的基本基數定為一，表現在正常狀態都能領到保障的年終獎金；表現優異或特別傑出者，應該彈性放大以「一×二」或「一×三」，甚至更高，來放大激勵效果；對於表現不佳者，則可以「一×〇．五」或是更低，以達到鞭策之目的。

3. 對於需要留任或是個別發展的關鍵人才，應該藉年終獎金發放的機會，針對特殊表現或新的任務目標，給予特別激勵獎金，像是發放股票選擇權（或分紅配股），或是獎金以分期在次年度每季發放。

4. 除了年終獎金以外，經營績效的分紅或是專案績效的分潤機制，都能夠分散跨年度獎金領完就離職的風險，可以多加設計運用於企業的團隊管理。

辛苦了一整年，無論是老闆或是員工，都希望今年能是豐收的一年，作為管理者最需要承擔的責任與應該展現的能力，其實就是讓大家都能歡喜地過一個好年，一起共同努力迎接下一個年度的挑戰！

29 ▼ 年終獎金之二：公司獲利vs.員工留任

正雄一早打開電腦，就看見幾封信件的標題很讓人驚訝。「珍重再會」、「期待再相聚」、「我的私人郵箱」……。一時之間還沒回過神來，究竟是發生什麼事？仔細打開信件一一詳閱，才發現幾位同事寄出道別信，即將在農曆年後離職。

正雄心裡不禁犯嘀咕：「前一週才剛剛和幾位主管討論該怎麼培育新人，剛發完年終獎金就有幾個人要離開，究竟是發生什麼事了？」於是他立刻撥了電話給人資部主管美惠詢問原因。

美惠給了一個關鍵的答覆是：公司每一年的第四季都是工作量（workload）最重的時候，也是趕訂單交貨的高峰期，員工熬到這一季結束，就是期望公司年度目標達成，除了年終以外，還可以領到今年的績效紅利。可是聽說今年三項關鍵KPI中，有一項肯定無法達成了，明年沒有績效紅利，所以一些員工會因此流動也是預料中的事。

但正雄卻是非常憂心地想著：該怎麼補足這些流失員工的生產力？如果現在接到大單還有辦

法消化嗎？難道沒有更兩全其美的辦法嗎？績效紅利的發放雖然是依照董事會決議的辦法作業，但若無法發揮激勵員工的效果，或反而變成驅動員工提前轉職的因素，是否應該爭取調整與改變呢？

「全公司績效」vs.「個人績效」如何平衡？

許多企業會在擬定下一個年度目標時，為達成目標訂定一個發放獎金的指標，例如：業務人員就會有業績目標及業績獎金的計算辦法，而一般針對業務性質的同仁所訂定的目標與獎金辦法，多數都是針對個人，但是「非業務人員」者，則鮮少能夠訂定「個人化」的獎金計算。因為非業務同仁沒有個別的業績目標，只能夠依照年度表現的考核來評估其績效，全年度或週期性地給予獎勵。

也因此，多數企業對於「非業務同仁」會採用全公司的績效表現作為基礎，如果全公司績效表現達成目標，則每一位「非業務同仁」再以個別的考績來發放獎勵。舉例來說：

A公司訂定全公司二〇一九年的目標為三項，一是全年營收達成一百億，二是全年淨利達成十億，三是公司市占率超過二〇％；而三項指標的權重分別為三〇％、五〇％、二〇％，且任何一項指標達成率未達八〇％則不計權重，三項指標權重加總未達八〇％則不發紅利，超過八〇％則以「實際達成％ × X個月全薪」作為績效獎金，最高上限為兩個月。

情境一：公司達成營收一百零五億、淨利七．九億、市占率二五％，績效獎金零。

情境二：公司達成營收九十億、淨利八億、市占率二〇％，績效獎金〇．八七個月。

情境三：公司達成營收一百億、淨利九億、市占率一五％，績效獎金〇．九個月。

以上述例子可以清楚發現，KPI與權重的設計非常關鍵，應避免因為些微的差異而造成巨大的影響。畢竟企業擬定績效指標是希望員工被激勵，而非留下對公司「為富不仁」的抱怨及努力得不到報酬的遺憾。

齊頭式獎勵缺乏激勵效果

其實，績效獎勵辦法無法達到預期的效果，多數是考慮到所謂的「公平原則」與「作業流程」的簡化。因為非業務同仁沒有實質的業績目標可以「量化考核」，因此將全體捆綁在一起達成公司的指標，即使有個別員工的考績評核，但若是整體KPI未達標時，就會形成對表現優異同仁的懲罰效應。

如同管理學中的「木桶原理」（短板理論）所述，一個木桶是由多片木板箍在一起所製成的，木桶能夠裝多少水決定在於最短的那一塊木板，因此當組織中有一個缺口或是弱點，我們應該設法改善或是提升這個部分，而不是將其他所有的木板切短來配合。

所以企業鼓勵團隊合作而設定公司全體KPI，固然可以激勵大家一起朝向共同的目標努力，但每個人對於公司的貢獻大小不一、表現不同，若能兼顧個別同仁的創新、績效突出表現，或年度考績評核不僅只與全體KPI連結，而有其他鼓勵措施也連動，將會有助於讓個別的非業務同仁，也更積極地表現自我、爭取績效。

以下幾個具體的做法可供參考：

1. 全公司的KPI設定年度績效紅利以外，增設部門KPI給予半年或季度激勵。
2. 依不同性質工作設置激勵制度，如研發創新、客戶滿意度、節能或效益提升。
3. 適當分散獎勵的時間，避免集中於年度或特定節日發放，例如：年終、三節、半年等，各自發放一定比例，使同仁感受到公司確實大家分享經營成果。

激勵的目的是產生向心力

獲利是企業經營與發展的核心價值，而員工何嘗不是為了獲得更好的報酬而努力，因此唯有獲利能夠驅動企業不斷持續成長，也只有不斷地激勵才能帶動員工對企業產生向心力，進而為企業的永續發展提供源源不斷的根本動力。

30 落實人才庫管理，降低離職衝擊

「哇！你知道嗎？原來老闆那天把柏宇叫進辦公室並不是要慰留他耶！而是念了他一頓，還叫他要把手上的工作做完並交接給新人，才可以離職去新公司報到，否則不會同意在離職證明上開立『自願離職』，而是要載明『未達要求，逕行資遣』。」

辦公室裡流傳著柏宇的遭遇，所以使得大家議論紛紛不知孰真孰假，但是每一個人都對於公司最近的離職潮感到氣氛不佳，特別是幾位已經提出離職申請並獲得核准的人，每天進到辦公室就聚在會議室裡嚼舌根，要不就是中午和許多同事吃飯，順便數落公司的種種不是。

看在人資主管美惠的眼裡，真的是心急如焚，雖然她也一再跟老闆建議應該讓提出辭呈的員工盡快離開，但是老闆總跟她說：「你去問一下他們的部門主管，哪一個不是哇哇叫地說還沒找到人、工作沒人可以接！他們同意不必交接，就讓這些人立刻走啊！」

沒有人真的關心這一段時間是否真的有完成交接，甚至根本沒有人確實去做交接的工作，因為其他人也都有自己負責的工作，但是一個月的離職交接期從未改變，也就變成「離職擴散效應」發酵的最佳溫床！

事實上，多數的公司都有類似的規定，凡是員工離職必須事先提出申請，並在核准後完成指定的交接工作及離職手續，才算是正式離開公司。但是多數的主管也都清楚，只要是提出辭呈的員工無論是否獲得核准，其實心裡面對於目前的工作必然是已不再有著相同的熱情，或是對於工作的現況必然有所不滿，如果不能將其挽留下來，就應該避免讓這些準離職員工影響到仍然在職的同仁。

心理學中所提出的「月暈效應」（halo effect）清楚地告訴我們，人的認知會從局部瞭解出發，再逐步擴散而得出整體印象，但是這些印象與理解，卻未必是在瞭解真實的全貌之後，也因此很容易形成「以偏概全」或是「以貌取人」，甚至是「以訛傳訛」的錯誤。

所以要減少組織中因為少數人的負面情緒，造成對公司運作的影響，我們對於即將脫離公司管理規範可約束的員工，也應該要抱以嚴肅的處理態度，以免因為小細節而造成了嚴重的破壞。

落實人才庫管理

許多公司在進行人才招募的時候都會有清楚的「職務說明」（job description，簡稱ＪＤ），包括重要的責任、工作要點、工作目標，都會詳列於書面，而且當他的職務有所改變或是調動時，ＪＤ也必須隨之更新與調整。

這麼做的好處是可以清楚記錄每一位同仁的職掌與工作責任、職涯成長與變化。而同樣性質的工作，我們是否有類似ＪＤ的專才可以相互備援？這可以透過完整的工作說明書建立清楚的「人才資料庫」，而幾個可以具體採取的做法如下：

1. 每一個部門主管都應該要有一個員工職能盤點表，清楚知道自己所帶領的同仁有哪些能力與專長、目前主要的工作項目、有興趣往哪些方向發展、還有哪些能力上的不足、應該補強或改善的缺點。
2. 針對已經盤點出來的職能表，適時將職能同近、工作內容相似的人，進行工作輪調，以利每個人對於擔任其他人備援的準備與適應。
3. 對於每一位同仁的職能與ＪＤ，應該落實更新，並且根據主管記錄每位同仁可以發展及需要加強的部分，給予必要的訓練與學習的機會。

4. 當部門調整或是員工轉調單位，也應該將其ＪＤ及相關紀錄，提供給新部門主管繼續發展，俾使員工成為公司人才庫中的有效資產。

避免負面影響：主動做好意見管理

除了將員工當作重要資產、做好人才的發展與人才資料庫的管理以外，企業很難不會有離職員工對於公司不滿的狀況發生，而針對性地去限制員工，或是斷然地讓員工一旦提出辭呈就立即離職，這些都無法百分之百杜絕掉有心的惡意中傷。

所以企業應該持續不斷地進行政策透明化的溝通，讓多數員工瞭解公司的政策與相關的規範，同時也要建立暢通的意見反映管道，並且非常具體地處理員工反映的問題，無論最終採取哪一種方式解決員工的問題，也都應該確實讓反映問題的同仁得到回覆。

如果企業能夠做好前述的人才庫管理，以及對於員工意見的主動管理，那麼當有人離職的時候，就不必擔心沒人可以接手，或是需要有長時間的交接；更重要的是，對於公司的負面意見與情緒，將會因為我們落實了溝通與反映問題的解決，能有效降低同仁因不瞭解而產生的錯誤認知，進而減少這些負面批評發生的機會。

但若是仍遇到即將離職的同仁刻意散播負面的言論，或是以不實的訊息誤導在職的同仁，主管仍應該斷然地要求終止雇傭關係，以免徒增困擾與傷害。

31▼「三冷原則」處理不適任員工

業務會議上所有的業務人員早在老闆進入會議室之前，已經正襟危坐地準備好了，但只見淑貞慢條斯理地捧著她的筆記本從門口走進來，找不到適當的空位，只好心不甘情不願地往唯一空著卻離老闆最近的一個位子坐下來。

老闆直接說：「你最晚進來，就從你開始報告吧！」淑貞哎喲地叫了一聲：「老闆，別醬子啦！我還沒準備好啦！」這讓老闆臉上一陣鐵青，不知道該罵人還是不該罵人！

大家一陣窸窣地議論，因為淑貞從到公司報到以來就一直大小狀況不斷，不是業績始終不上不下達不到目標，就是忘記將客戶的關鍵要求交代下去，導致交期延宕；更離譜的是，每次遇到問題都是使出她最擅長的：「撒嬌」、「裝傻」、「眼眶含淚」三部曲，但從來都不認真檢討和改善。不僅搞得同組的業務，大家怨聲載道，也使得老闆被不斷地抱怨不公平，為什麼找這麼一個不專業的業務進來？甚至有人懷疑她跟老闆是否有什麼曖昧關係？

用人之計，在於心

許多主管即使擔任管理職務一輩子，都沒有正式被訓練過該如何篩選和面試新人，多數都是用自己的「感覺」在找人，特別是許多企業中非技術類的職缺，更是缺乏一個比較科學化的選才標準與方法，當一個部門開出職缺之後，就授權給主管進行招募和面試。

舉例來說，研發部門還可以採取技術能力的一些測試，或是實作的演示與測驗，來選擇出具備適當能力的人才；而其他性質的工作，大多數只能透過簡單的面試來決定。

但無論是哪一種性質的工作，除了專業能力以外，其實最關鍵但也最困難的選才評量在於「心」，而這一個「心」包含了幾個構面：

1. 心態：是否積極正面、樂觀合群。
2. 心術：是否誠實正直、道德觀強。
3. 心性：是否謙虛務實、努力向上。

前述的三項，正代表著優秀人才的潛質，無論是在哪一種專業的領域，都應該同時考量這三項潛質，才能避免找到不適合的人，尤其是專業很強卻心性不佳或心術不正，更是容易造成公司更大的風險與麻煩。

知人善任，不適任者則勿留用

一個成功的組織必定建構在「人才」之上，因此一位好的領導者必然也是「識才」的高手！能夠找到好的人才，並且委以適合的工作使其能夠有所發揮；反之，如果組織中充斥著平庸之輩，或是不適任的人，也正代表著這個組織的領導者缺乏魄力與領導能力！

其實，由美國知名社會學家喬治．霍曼斯（George Homans）所提出的「社會交換理論」（social exchange theory）已經清楚地說明了經濟活動中的行為公式：

行為＝價值×可能性

因此我們期望組織中的成員能夠做出好的行為，必須將其價值或是可能性提高，如果在篩選人才的初期就缺乏「擇優」的標準，或是未將好人才的「潛質」（可能性）先列入考量，我們當然就會不斷發生找到不適任員工的這種情況。

當然，當我們面對已經任用的「不適任」員工，所必須持有的態度就應該是：「當斷就斷，若不速斷，反受其亂！」切勿受到情感或是其他因素的牽絆或影響，而應該採取：適時、適度、適法的行動，做最即時的處理。

「三冷原則」處理不適任員工

基於企業的社會責任，雇主應該善盡企業應有的義務，不得以違反勞動法規的方式處理不適任員工的問題，所以再次提醒所有經理人應該依循法規原則，公平制訂公司的聘雇與勞動契約，並且在聘用的同時應該清楚員工守則規範。

當遇到聘用的同仁不適任，必須先根據勞動契約檢視是否符合遝行解雇，或是給予符合法令規定的條件協商中止聘雇關係，而且在進行這些相關的協商過程中，應該可以採取下列三項原則。

一、冷靜原則

主管人員切記避免情緒化或偏信直覺式的管理模式，所有關於員工應遵守或應達成的指標，都應該在員工到職後即清楚地告知，如員工的從業道德規範、公司員工守則、應達業績目標、資訊安全或個資保護辦法等。當發現員工有未能達成要求或是違反上述規範與守則時，則應該設定具體改善計畫與要求，並留存紀錄，以作為日後與員工溝通績效或進行協商的根據。

二、冷凍原則

一旦發現該員工確實不適任，應該依照不適任的狀況立即進行風險控管，例如：若屬業務性質的同仁，應該指派其他業務同仁接手其負責的重要客戶，並避免將其他重要的客源或新案件交由此一同仁參與。若屬研發或技術相關同仁，則應先對技術或資訊／資料安全進行適當的權限管控，避免發生不必要的困擾。

最後，對於此一不適任的同仁應該給予的工作，要盡量降低重要性質或縮小影響層面，使其交接工作可以最快速完成。

三、冷處理原則

當與不適任員工進行溝通協調時，最佳狀況是透過清楚的「未達標」、「未遵守規範」的事實進行溝通，如果事實是明確且具體地留有紀錄，那麼員工理解公司根據事實逕行解雇或中止聘雇關係，應該是比較容易達成共識。

若是相關事實並不完整，或規範並不明確，則應該透過與員工協調重新提出具體的要求，包括應完成的時程、目標、檢覈的標準，以作為之後檢視是否適任及繼續聘雇的原則。

並且要有心理準備，員工會因為被公司提出的適任檢視而激發出防衛心理，或許會對組織其他成員提出抱怨或誇大自己遭受不公平的對待，造成組織的人心浮動。因此合乎法令規範且完整的溝通紀錄，是冷處理最重要的守則。

避免情緒，著眼未來

任何一個終止聘雇或是不適任者的淘汰過程，都會夾雜著無法避免的情緒問題，任何一位被要求改善或最終必須終止聘雇的同仁，正常都會有或多或少的情緒反彈。

因此作為處理這類事件的主管，也必須有著高度的「同理心」給予包容與忍耐，盡量在處理此類事件中，給予同仁合情合理的溝通。先嘗試協助同仁改善達成公司標準以期能留任，而不是以情緒或是強勢規範的逼迫，以終止聘雇為唯一的目的。

最終若仍須用上終止聘用一途，則應該輔導同仁著眼於自己的未來發展，因為一個適才適所的工作機會，畢竟是勞資雙方共同都要能夠相互認可的，任何一方單方面的期望，最終都不會有好的結果。因此與其彼此相互不滿意的浪費時間，還不如好聚好散，各自為未來努力！

32 ▼內升或空降：每個重要職務都該有接班人

業務總監俊傑走在公司大廳的長廊上往大樓外疾步而行，一大早總經理就約他在對面的星巴克談事情，他邊走，心裡邊嘀咕、究竟什麼事情這麼神祕，非在公司外面談不可？但是老闆就是不肯在電話裡先透露口風，也只好默默地加快腳步下樓赴會。

見了面，老闆立刻說：「今天談的事你自己知道即可，千萬不要讓其他人知道！」破了題後，總經理終於告訴俊傑，業務部的明星主管建宏直接向總經理提出辭呈，將在月底離職，整個業務部是否會受到影響目前不得而知，但是團隊中幾位由建宏一手培養的業務高手是否會有連帶異動的意圖，就值得特別關注，而資深業務中誰適合接替主管工作也必須往下討論……。

在整個溝通的過程，總經理嘗試遊說俊傑：找一個新人來接替建宏。他認為，業務部的做法一直停留在傳統思維，缺少創新和積極的態度；但是俊傑持相反意見，極力爭取由現有的資深業務升任主管，理由是公司的產品與客戶組成相對複雜，新主管缺乏和既有團隊的合作基礎，可能很難驅動這個團隊。

關鍵職務應該要有「接班人計畫」

你可以想像一場重要的棒球比賽，球隊中只有一位王牌投手，卻沒有任何「救援投手」嗎？這就像將比賽的勝負完全寄託給上帝及這一位投手，他不能受傷、不能生病、不能情緒失控、不能狀況失常。事實上，不會有任何一位教練允許這種情況，但是在企業裡卻不斷上演著類似的戲碼。

一個經營健全的企業，必然有許多關鍵的職務，為了確保公司在發生任何萬一之後，還能持續營運，除了要對負責該項工作的人給予支持與培養，也必須同步進行必要的「備援」，而非全然依靠運氣或是員工的一股熱情。

通常公司經營者都知道，必須有「接班人計畫」來接替自己，但公司內關鍵的職務，一樣必須長期培養適當的接替人選，以避免有任何突發狀況時會措手不及。

關鍵主管懸缺，該內升還是外聘？

多數企業沒有針對關鍵職務培養接班人，當這個關鍵工作出現缺口時，很容易發生無法順利銜接的現象，而最常見的應變措施就是由上一層的主管暫時自己下來做。但這絕非長久之計，接下來就要評估這個出缺的工作該由誰替補，最常出現的討論是：該內升，還是外聘？

三個參考指標提供你參考：

1. 該項關鍵工作所轄，處於穩定或不穩定狀態？
2. 該項關鍵工作所轄，需要變革的迫切性高低？
3. 該項關鍵工作所轄，內部是否有適合晉升的優秀同仁？

簡單地說，一個相對穩定的組織比較容許企業進行不同的嘗試，可以試著花點時間從外部尋找不同特質的人才，為組織注入新的刺激與做法，即便這些新嘗試遭遇困難，在組織相對穩定的情況下風險也相對較低。

假如此時組織處於較不穩定的情況，是否應該先以穩定組織為優先？或是這個工作所負責的業務急需變革，那麼是組織中既有的資深同仁比較理解公司的變革需求，還是引進外部新策略思維更能幫組織進行改造？這些都可以根據組織面臨的真實狀況來評估與衡量。

但總結三個參考指標，最具體的考量是內部是否有適合晉升的優秀同仁？在確實檢討與評估後，建議優先讓內部優秀同仁有機會晉升。這個做法有雙重好處：一是可以產生比較大的組織激勵效果，讓其他同仁看到自己在企業中發展的機會與方向，加強努力爭取表現的動力；二是縮短該關鍵工作的空窗期，降低銜接工作的阻力，並可藉此建立企業長期培育人才的文化與向心力。因為過度頻繁地使用空降的方式任用主管，不僅組織成員的向心力與熱情會降低，連帶的員工的流動率也會增加。

一個好的企業絕對不希望組織存在著「吃大鍋飯」和「養老等退休」的心態，因此如何在組織中不斷地進行人才培養及關鍵工作的備援計畫，看似是為了因應企業可能面臨的人才斷層衝擊，但更深層的意義是在塑造企業願意「視人才為最重要資產」的文化，優先以公司內部升遷的方式做好接班人計畫，實際上是可以一舉數得的好方法。

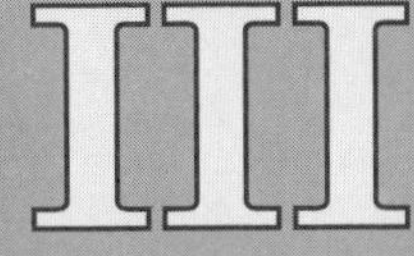

PART

組織協作，持續變革

5 CHAPTER

組織管理與溝通

33 ▼ 破除穀倉效應，促進部門間合作

部門之間如何有效合作？

志強看到人資部門寄出的公司最新組織公告，雖然已經聽到傳聞很久了，但心裡還是有點遺憾與疑問！因為半年前才剛成立並由新聘主管帶領的部門，還來不及有太多的合作，就因為主管的去職而解散重組了。

當時公司高層力排眾議聘用新主管時，志強也曾建議是否將這個新事業先建構在原本的組織下，讓新主管瞭解既有的組織文化，同時也與公司同仁有相互合作及磨合的機會。但最終因為要加速推動新業務的成長，以及新任主管要求帶領獨立的部門，所以公司決定成立一個新單位，並且從其他部門徵調部分人員，再配合一部分新聘同仁而成立新部門。

但沒有想到的是多位由其他部門調到新單位的同仁，因為不適應新主管的管理風格而紛紛要求歸建原單位，因此這個多數是新進人員的部門，在工作推動上遭遇到很大的挑戰與困難，最後落得主管去職而部門解散的下場。

部門間是互補的團隊還是各自為政的單位？

很多中小企業的老闆在創業初期，沒有能力雇用太多的員工，所以一個人同時要扮演好幾種不同的功能與角色，因此對老闆而言：什麼是最好的組織？能夠用最少的資源創造最大的產值就是最棒的組織！

但是當公司規模化之後，組織卻往往不是以這樣的原則在設置，最常見的就是根據人員的專業與屬性來分設各個組織，而這樣的組織就形成兩個特質：

1. 每一個部門多數是由「同質性」的成員組合而成，單一組織缺乏全面的思維。
2. 人員不再「多工」，雖然每一個人都很專業但卻缺乏跨域的意願與勇氣。

因此組織分工越來越專業與複雜，溝通卻也越來越困難，形成各部門間各據一方，難以合作的「穀倉效應」！這也是為什麼許多公司會獨立於舊組織之外，設立新的單位來發展新事業的常見原因。而這樣的策略卻必須面對是否能夠找到對的人，以及能否打破組織溝通障礙的挑戰。

哪種組織策略足以因應瞬息萬變的挑戰？

每一個企業的組織型態都有其產業需求和專業分工，但可以預見的共同趨勢則是：市場的變化速度將會越來越快！十倍速的時代已經不足以形容未來的改變，瞬息萬變的不只是市場，還包括技術的進步、社會環境的變遷、員工價值觀的改變等。

因此組織必須隨著各種可能的變化而不斷進行調整，無論是擔任組織變革與領導的經營管理團隊，或是各個不同專業的主管，都要有足夠的跨界思維與廣泛的專業知識，而組織的型態也要能夠越簡單、越能多工整合，才越能夠因應如此快速多變的未來。

三種不同的組織活化思維

許多成功的非傳統企業（如網路、電商、OTT）及新創公司不斷打破舊的組織管理原則，但並非所有的企業都適合將辦公室變成遊戲空間，或是讓所有的員工可以行動辦公或是在家工作。

要因應快速的變化，新的思維是不可或缺的，下列三種不同的組織活化思維可供大家作為參考。

一、「服務導向＋任務導向」的組織

因應客戶不同的服務需求，靈活運用組織中的各種不同人才，組合成因應不同任務的專案編組（task-force），例如：為了要投入大數據分析的市場，可以由產品管理、行銷、數據分析、軟體開發、業務人員等組合成一個「跨功能」（cross functional）的團隊負責，以減少跨部門的溝通障礙及提升協作的效能。

二、「內部派遣」的協作型組織

為了配合業務此消彼長或是技術的變革，既有的組織可以由「內部服務型態」轉變為「外部支援型態」，例如：因雲端技術的成熟與興起，公司的資訊科技（information technology，簡稱ＩＴ）部門將許多系統移上雲端服務，而既有的ＩＴ人力不再有龐大的硬體系統需要維護管理，這些人力就可以轉變成為支援業務單位的售前支援或是專案支援的單位，避免因為既有組織而延宕公司進步，又可以活化組織及提升人才多工的發揮。

三、「社群化」的組織變革

除了讓公司的組織成員能夠「多工」與「協作」外，企業不可忽視的是外部環境的變革，因此公司內部的管理氛圍不應該持續維持著每個部門「壁壘分明」的文化，而應該鼓勵跨部門間的溝通與合作，也可以參考網路社群的機制，讓所有的員工在公司內有許多公、私交流的平台，以形成企業開放創新的機制並創造部門合作的機會。

簡而言之，無論哪一種組織機制與策略，化繁為簡、鼓勵合作、權責連貫、追求效益，必然是每個企業都應該追求的目標。

34 將內部派系之爭，轉化為對外競爭力

宗憲正在主持會議，對目前進行中的專案做個別的檢討，發現其中幾個案子都是同一位專案經理沒有及時做適當的處理，以致於客戶原定的計畫受到影響而延誤，所以他就要求業務部門說明客戶對專案經理的抱怨，希望專案同仁瞭解客戶的期望並盡速改善。

當業務部主管一開口說：「老實說，我認為這一位專案經理不夠專業！」明華立刻插嘴說：「我沒辦法接受這一種說法，不去檢討客戶的問題，只是來做人身攻擊，以後專案處要怎麼支援你們？」

頓時會議室裡的氣氛立刻充滿了火藥味，宗憲擔心兩個部門就此槓上，或在會議中吵起來，所以立刻裁示說：「明華你不要再說了，待會兒會議結束後到我辦公室來。」就此打住這個話題。

當明華走進宗憲的辦公室，劈頭第一句話就說：「老闆，很抱歉！我的人是有錯，我知道你想說些什麼，但是我沒辦法不跳出來挺我部門的兄弟，要不然你叫我以後怎麼帶這一票弟兄？」

宗憲心裡一陣發涼……這個組織中如果每一個部門就像是一個幫派、一個牢不可分的派系，不問對錯，也不問該怎麼做對公司最有利？只講究這一票人是否和自己一掛？心裡想著的只是「非我族類，其心必異」和「沆瀣一氣，共謀其利」，那這個組織怎能發揮團隊合作的力量，共同提升效率創造公司最大的獲利呢？

為什麼組織中會有派系之爭？

「社會認同理論」（social identity theory）是由社會心理學家亨利．泰弗爾（Henri Tajfel）所提出，他認為：「人的行為會受到他人的行為、當時的社會規範所影響。」

之後延伸的研究產生了「組織認同」（organizational identification）和「群體心理」（group mind）的理論，更具體地定義出：「人在加入一個複雜的組織活動後，很自然地會因為競爭而對於所屬的群體產生『群體心理』，包括：(1)認同意識；(2)歸屬意識；(3)整體意識；(4)排外意識。」

所以一個組織只要有「群體」存在，就必然會有「群體心理」發生的可能，也就是大組織之下一定會有小組織，大團體以下就會衍生出次級團體，而這個現象的存在就是為了讓個人或小群體的成員在組織中能夠被認同，進而融入組織或在組織中取得利益。

我們不可能使其消失或是杜絕它的存在，特別是內部競爭情勢越是嚴峻或是外部環境越是艱困的情況下，因為權力與資源分配的競爭，這樣的內部相互競爭就會更加激烈。

將內部競爭轉化為對外競爭力

既然我們無法消除組織中的派系與次級團體，我們就必須將其「負面」的影響降到最低，而將其「正面」的能量發揮到最大，如此一來，才能夠將這些群體心理中對於「小團體」的認同，擴大為對於企業的投入與效忠。

一、全公司或跨部門的團隊建立

組織中的次級團體或是派系會造成效率下降，多數是因為彼此的本位主義及資源分配的考量；因此，避免因為小團體的私心而影響到大團體的利益，就應該讓不同部門的成員理解彼此的工作，以及其相互間的連動可能的影響。

透過公司或是跨部門的團隊建立訓練，可以讓不同部門彼此瞭解，甚至會有彼此是同一個團隊的相互認同。而且這樣的活動與訓練必須持續地進行，使其內化為一個組織中的常態，最終就能夠促使不同部門真正互相合作。

二、專案型任務編組

要避免每個部門就是一個衙門、一個派系，各自把持著一部分資源的情況，可以透過將組織中的工作從「線性生產」的模式，轉變成為一個「專案型任務編組」。

舉例來說，一個產品的開發先由產品部門蒐集市場資訊、產品規劃、功能設計，再交由研發部門做細部規格設計、軟體開發、硬體開發，最後再交給生產部門生產……這樣的方式可以改變為：由各個部門各指派一位或幾位專案成員加入，成立一個專案小組負責產品從設計到最後完成試做的樣品為止，不僅可以讓各個部門的成員為同一個專案共同負責，也可以減少跨部門之間的溝通障礙，提升彼此合作的效率。

三、ETD會議文化

一個組織應以公司整體績效為最終的目標，而不是以主管個人的領導效能為優先，但是在東方文化中總是有「以和為貴」或是「事緩則圓」的潛在思維，當遇到看法對立的狀況時，部分人會選擇「不表態」以避免衝突，或是模糊焦點將「人」與「事」混為一談，導致很難聚焦在關鍵來解決問題。

就領導人而言，應該努力在組織中建立：凡事講究效率（effective）、問題及想法透明化（transparent）、鼓勵對於不同意見提出思辨（debate），特別是在會議中應該將所有的問題討論清楚，讓會議成為解決問題的場域，而非變成「會而不議，議而不決，決而不行，行而不確實」的表面形式。

四、知識與資訊分享

公司各個部門會有相互抗衡的現象，經常是發生在資訊壟斷或是對彼此分享的資訊缺乏互信的情況下，例如：產品部門不願意將最完整的市場資訊分享給研發部門，或是研發部門懷疑產品部提供的資訊不完整，這兩個部門就會在產品的開發過程中，在缺乏互信基礎的情況下合作，甚至最後會彼此內耗而無法順利完成工作。

因此，透過一個健全的「知識管理」機制，將屬於公司的知識、資訊有效地納管，並且有制度地透過強制性的知識與資訊分享，讓跨部門的同事都在相同的理解下共同合作，將會是公司效率提升的一大利器。

誰能打破組織內的疆界？

最終公司的領導者就是讓全體員工不分彼此成為一個團隊的關鍵，你就是最好的示範，要展現你希望公司同仁不分彼此、相互合作，並且將落實公司的核心價值視為第一優先。

對於私心自用、缺乏團隊精神的主管絕不姑息；對於樂於分享、積極跨部門協作的同仁不吝拔擢。久而久之這個組織必然會成為不再內鬥，而能全力對外的絕佳團隊！

35 流言必須果斷、立即處理

甲：「欸～我告訴你，聽說技術部的主管又要換人了！」

乙：「蛤～那怎麼辦？我才來半年。剛要學點新東西，老闆又要換人？搞什麼啊！」

甲和乙：「欸～公司總是一直壓榨我們技術人員，看來在這裡應該不會有什麼好前途！要好好想想該怎麼辦了！」

立昂擔任這家公司的技術主管僅短短幾個月，部門裡的工程師已經流失又遞補了一大半，幾乎有五〇%的同事都是新人！在原有工作量沒有減少的情況下，新人無法立即上手承接主要的工作，原有同仁變成必須擔負更多的工作量，也就造成資深同仁無暇可以協助帶領新人。「在職培訓」或是「導師計畫」都無法落實的情況下，工作品質與合理的工作模式一直無法提升與改善，因此不斷有流言在員工之間流傳，包括主管會被更換、技術部門會被整併等。許多員工擔心自己的前途，索性就主動提出離職，進而形成一股跟進的風潮。

關鍵在於立昂第一時間聽到這些流言與反彈時的處理態度，因為工作量大，而且他認為一、兩個菜鳥的抱怨不足為奇，只要爭取老闆的支持、多給一些人力（headcount）、從外部找一些好手來，應該很快就可以解決眼前的困難！

但沒想到的是，其他競爭對手聽聞公司及立昂部門的狀況，主動釋出挖角的優厚條件來搶人，再加上一部分離職員工在外面對公司有一些批評，導致許多優秀的人才也不願意輕易放棄現有的機會來投靠。一來一回，不僅外部好手沒找到幾個，自家的員工反而流失不少，真的形成了一個渲染的效應，讓謠言變成真實。

主管的職責是「組建」和「領導」團隊

心理學家艾力克．艾瑞克森（Erik Erikson）提出：人的心理會受到三個不同層面的影響而產生危機感：⑴發展性危機；⑵境遇性危機；⑶存在性危機。

而這三種不同性質的心理危機，特別在第一個「發展性危機」的階段最容易擴散，因為在這一個階段所感受到的危機感，會讓人最迫切想尋求解決之道及擺脫，也因此，會將不確定的臆測當作強烈的認同，進而影響到其他人。

而從一個組織中擔任領導者的角色來說，最重要的責任就是組建一個團隊，就像是一支ＮＢＡ籃球隊總教練的最重要職責，就是從新人選秀中挑出最有潛力的球員，讓隊伍形成最強、最能贏球的組合；其次，則是要領導球隊在每一場比賽中運用戰術，將訓練成果發揮到極致，不論輸贏都能夠不斷勇往直前繼續挑戰！

所以當團隊中任何一個成員出現「心理危機」，當然必須在第一時間幫助他克服這個危機，以免擴大影響到其他人。

避免報喜不報憂

許多主管最容易犯下的錯誤就是：「報喜不報憂」，因為不願意面對老闆的責難，就會避重就輕地將問題隱藏起來，或是嘗試以短期的方式，去解決長期的問題，最後小問題反而擴大成為一個大危機。

為了避免組織成員不瞭解真實情況，或是因為少數人的「心理危機」，而產生的臆測和流言影響到整個組織的士氣與運作，建議可以採取以下幾種做法。

一、定期的跨層級交流會議

除了直屬同仁的會議，也可以定期與非直屬的部屬溝通，以充分交流組織的發展策略，以及聽取基層員工的意見，避免少數人壟斷資訊或是錯誤資訊氾濫卻不自知。

二、設置組織中的輔導長

如果主管在組織中的功能是「嚴父」，那麼何妨挑選一位適當的副手，扮演組織中的「慈母」角色，協助觀察與輔導同仁的工作及瞭解他們真正的意見。

三、意見反應信箱的設置

提供可以直接反映意見的管道，無論是e-mail或是其他形式均可，但必須規範意見反映以組織管理與工作相關，避免成為報復私怨的黑函信箱。

四、落實離職員工面談

人資部門及上一層主管應該落實對於離職同仁的面談，確實瞭解離職的原因及對於公司的建議，避免僅直屬主管核准後即可離職的狀況，以免有意見被阻斷或是主管獨斷獨行的風險。

讓組織具備「流言免疫功能」

組織的健康就像人的身體一樣，必須對一些會影響健康的因素先行建立「免疫能力」，而這樣的免疫能力多數是與主管的態度和觀念息息相關，尤其是越高階的主管，越具備關鍵影響力，而其中的關鍵如下：

1. 資訊公開透明，管理公平公正。
2. 鼓勵團隊合作，建立合理制度。
3. 將員工視為重要資產，落實職涯規劃與發展。

如果組織中每一層帶人主管都能落實前述三項態度與觀念，許多流言自然在組織中就無法產生與散播，當然也就不會輕易影響到組織的穩定發展。

所以一個健康的組織，必須持續地檢視每一個主管所帶領的團隊，包括員工流動率、平均年資、員工職能發展等指標，因為只有讓員工願意樂於為工作付出，公司才會有真正永續發展的可能。

36 ▼ 別等員工要離職，才聽見組織的問題

宥廷：「喂？明倫你在座位上嗎？我想跟你講一些事，但不方便在公司裡談，中午一起吃飯好嗎？」

明倫：「什麼事？幹嘛這麼神神祕祕的啦？我待會兒要出門啦！你就在電話裡告訴我吧！」

宥廷：「好吧，沒什麼時間可以拖了，我就直接跟你說吧！我已經丟了辭職信給老闆了，他今天早上約我談過了，基本上，我先前跟他反映的所有問題，他沒有一項有正面直接的答案，只叫我不要想太多，好好把現在的工作努力做好，等於告訴我：沒有任何事情會改變！我只好堅決辭職，只做到這個月底囉！」

明倫：「哇！那你這一走，這兩個月我們部門已經離職三個人了耶！那你們留我在這裡孤軍奮戰，太沒道義了吧！我也要跟老闆提辭呈了！」

宥廷：「不是我們沒道義，實在是老闆太沒魄力了！跟他反映的問題他沒有一件事可以幫忙解決，只會叫我們不斷地配合其他部門的要求，說好了的調整和應該給我們的資源，最後不是打折就是跳票！在這裡繼續做下去也不會有改變，還不如早一點另謀出路！」

別當「吃問題的吃角子老虎機」

我們在組織中經常會發現許多被隱藏起來的問題，而且**多數只有在與即將離職的員工面談時才得以被挖掘出來**，這些問題屬於下列幾種性質居多：

1. **屬於公司政策層級，並非部門主管可以裁決。**
2. **屬於需要跨部門協調，或是目前缺乏明確規範，只能循慣例執行。**
3. **屬於資源分配或權責劃分的性質，需要更高層主管的裁示。**

從上述的特性即可發現：一個組織的制度設計往往很難面面俱到讓每個部門的權責與分工完全無縫接軌，並且可以涵蓋所有的需要，也因此，組織中跨部門的協調與溝通就是效率提升的關鍵，也是最常發生問題的地方。

如果我們又忽略對於缺乏經驗的主管的輔導，很容易就會在組織中擺了一部「吃問題的吃角子老虎機」，而這樣的情況更會讓小問題演變成大麻煩！

輕忽組織警訊將引發連帶效應

當一個組織的領導者沒有發揮應有的功能，就像是人的某個身體器官出了問題，一定會出現一些生理的反應與病兆，例如：**組織成員的士氣突然變得低落、紀律變得鬆散、效率或服務品質降低，甚或是離職率變高等，都是應該要特別留意的現象**。

如同犯罪心理學中著名的「破窗效應」所述：一個破掉未修補的窗戶，會招來更多的石子將其他的窗戶擊破，最後引來犯罪者破門而入。如果我們忽視了組織所呈現出來的警訊，這些行為就會逐步地擴散甚至變本加厲，到最後無法收拾，而成為組織的危機。

及早發現，迅速處理

當你發現公司存在著**一個有信任危機的部門，千萬不要心存僥倖或是置之不理**，立即採取有效的措施是最好的策略，而下列的步驟可以幫助你有效的解除危機：

1. 由上一層主管建立直接面對組織成員的溝通管道，清楚釐清信任危機的來源，並將被隱藏的問題逐一整理出來。
2. 針對問題逐一檢視，並且給予組織成員清楚的解決方案，即使有不能立即解決的問題，也要給予明確的回覆或是合理的解決時程。
3. 對於組織架構或是跨部門協調問題，應該盡可能藉機建立明確的規範，避免問題現況被解決，但很快又發生類似的問題，將更令人覺得失望。
4. 如果原主管確實未能發揮應有的職能，應該明快地進行調動與調整，讓組織能夠有權責分明的觀感，同時也要對該主管做好機會教育及訓練，才可以再給予擔任帶人主管的歷練機會。
5. 對於組織運作應該適時建立跨層級、跨部門的對話機制，如定期的跨層級會議、跨層級的一對一（one on one）面談、人資部門參與跨部門的意見反映會議等。

透過以上的方法，目的就是希望讓組織在資訊透明的狀況下運作，並且讓所有組織成員對於主管及組織的制度具有強烈的信任感，相信透過溝通與反映可以解決所有的問題，如此一來，才能夠讓大家相信這個組織可以建構出自己期望的未來，而願意全心全力完成這個組織所賦予的任務。

37 ▼ 遇缺不補只能治標，三方向檢視根本問題

公司遇缺不補，主管該怎麼辦？

七月中旬，公司上半年財報即將結算出來，文玲看著剛剛試算出來的報表，不禁皺起眉頭，並且拿起電話撥給建宏報告這一件事：「老闆，到六月份為止的營收（revenue）和淨利（net income）結出來了，看起來達成率只有九〇%左右，預估到年底還有不小的差距。」

建宏在電話的另一頭只冷冷地回了一句：「你還有多少人力沒補齊的？先暫時不要補，看看第三季的業績情況再說吧。」文玲急著跟建宏反映：「老闆，人力已經很吃緊了，很多人都已經是身兼數職了，不補人可能會讓工作效率受到影響，而且工作的品質也會有問題的。」

建宏遲疑了一會兒：「大家先辛苦一陣子吧，董事會定下來的獲利目標一定要達成，營收如

果沒辦法拉起來，我們就必須從控制費用來節省成本，而遇缺不補是效果最明顯的做法，所以先追上已經有的差距，再看看是否有其他的措施可以做。」

眼看老闆的心意已決，文玲也只好順著建宏的意思，但她心裡面卻是七上八下地擔心著，心想自己拖住不核准各部門的人員遞補，接下來的抱怨聲和積壓的工作量，真不知道該如何面對。

「適才適所」擺脫低效能組織的盲點

其實許多企業常會因為業務成長迅速，或是管理制度建立落後於實際組織的成長，而產生許多管理上的盲點，其中特別嚴重的問題就是「管理職的比例失衡」，而這個問題多數也肇因於「彼得原理」所點出的：組織中的層級制度會因人的某種特質或特殊表現，而將其拔擢至他不能勝任的職位，但這樣的結果不但不能成為組織的助力，反而會變成組織效能的負擔或障礙。

最典型的例子就是：「業績表現最棒的業務人員，不一定適合晉升為業務主管」，因為頂尖業務所需要的人格特質和展現的能力，和一位稱職的業務主管所需要的特質與應有的訓練有著非常大的差異。但是許多企業會因為要留住業務高手或是滿足他自我實現的期望，而因人設事地增設管理職缺，反而導致整體的產值被虛增的管理職稀釋，使得平均生產力不增反降。

同樣的情況也會發生在非業務的職系，例如：一位很有效率的研發工程師，不必然一定能夠勝任研發主管一職，因為相應需要的視野及專案管控的能力，不一定會因為他的研發能力而自然累積，如果沒有經過有系統地培養或篩選，只是因為某個專長或特殊表現就將其晉升成主管，對組織與其本人而言都可能成為災難。

另外一方面，當組織面臨挑戰和資源緊縮的狀況時，最容易形成管理上的困境，因為多數員工所感受到的是負面的壓力，缺乏對未來正面樂觀的期待，在這樣需要共體時艱的重要時刻，更需要主其事者謹慎地因應，切勿一味地以成本控制的方式作為達成目標的唯一手段，以免目標達成卻失去了組織最寶貴的資產——「人才」。

檢視組織資源分配的合理性

企業在面對嚴峻的市場變化，難免會有必須調整步伐或是重新分配資源的兩難，因此遭遇到遇缺不補或是人力短缺的困境實難避免，但是長期使用這樣的方法也只能治標而無法治本，所以組織必須經常性地檢討資源分配的合理性，並可參考下列幾個檢視的關鍵思維。

一、組織是否疊床架屋或權責不清？

每一個單位的職掌是否有重疊之處？權責是否清楚？具體的ＫＰＩ是否都能夠被充分地量化與檢視考核？

二、組織效能是否貫徹始終？

一個部門是否有過多的上下游銜接？或是跨部門協調與溝通？如果內部協調所花費的時間與精力多過於實際的產出，即代表此一部門的效能是片段且缺乏效率，應該整併以減少虛耗。

三、管理職的效能是否發揮？

各個單位的主管是否發揮應有的功能？特別是相同性質或是類似功能的單位，是否有績效差異過大的現象？如果在組織中有上述的情況，績效落後或規模太小的同質性單位，應該刪減主管職缺合併成為一個部門，以提升效率並且增加產值。

總體而言，無論是企業老闆或公司的專業經理人，面對人力與資源分配的問題，其最大的挑戰就是「情感綁架」的問題，因為礙於情面或是考量人的情緒反應，所以常會在決策時遷就現況而有所妥協，最後不是錯失決斷的最佳時機，就是進退失據讓自己陷入兩難，特別是進行組織改組時將主管調職，或刪減職缺時，最容易發生這種情況。

在這裡建議，切記應以公司組織效能的最佳化為優先，善加運用經常性的溝通和定期的組織效能檢討會議，將組織效能優化變成一個公司檢討與改善的常態，以建立提升組織效率的機制。

38 匯集不同人才在同一部門的五個原則

柏翰檢視著自己這一個禮拜的行事曆，發覺自己每天幾乎都有一個以上的會議是和跨部門溝通有關，於是他撥了一通電話給祕書問了幾個會議的主題，突然發現這些溝通中的專案其實都已經談了好幾次了！但為什麼一直沒有做成決議呢？

再一回神看到業務主管發了訊息提醒他，務必要跟財務部的副總拜託一下，有一份簽呈已經上了幾週了，就剩下財務部會簽之後就可以呈總經理核定了！

柏翰定下心細想一下：這一些會議和冗長的行政簽核程序真的是公司需要的嗎？為什麼大家就這樣理所當然地浪費這麼多時間在應付流程呢？

跨部門溝通等於「跨衙門」協調？

許多企業都會遭遇到相同的困擾：當組織分工達到一定的複雜程度，員工數量增加以因應業務的成長，而以不同的專業分設部門就像是必然的SOP，因此公司有許多部門分別執掌不同專業的工作，但是**分工負責的制度其實也代表著決策權力的分散，單一部門無法為一項跨專業的工作做成決策**，所以許多事就必須橫跨幾個不同的部門進行討論、協調，甚或是取得核准，看似可以確保決策品質的制度與分工方式，在快速變化的環境之下，卻常會變成一般企業缺乏競爭力的關鍵因素。

因為每一個不同部門都以自己的專業為優先、關注自己的KPI是否達成，甚至是擔心自己部門主管的態度（是否支持？與提案部門的競合關係？）等因素，造成每一次跨部門溝通就像是跨衙門協調，如何能夠打破每個部門個別的官僚心態與隱性抗拒，其實才是組織中最大的挑戰。

跳脫窠臼，靈活因應「客戶體驗」

第一支iPhone面市時，完全顛覆消費者原有的手機使用慣性，也因此行動裝置的典範轉移（paradigm shift）正式展開，而在此之後消費者使用手機的習慣完全被新的模式所主導；也因此，使用者介面的觀念再次被重視與強調，再怎麼根深蒂固的商業模式都有可能因為新科技的發明而被顛覆，使用者的習慣一旦被改變，其消費偏好也會隨之改變，這就是客戶體驗成為主流的原因。

現在企業的競爭，除了創新科技、生產技術、品牌行銷、成本價格種種因素外，最重要的就是服務的精神，因為環境的快速進步與開放，客戶取得資訊的管道極度多元方便。資訊壟斷的可能性及技術獨占的困難度將會越來越高，唯有站在客戶的立場，瞭解並滿足客戶的需求，才能真正贏得客戶的長久支持。

也正是因為如此，企業要貼近顧客、瞭解顧客，就必須用更靈活的組織來快速反應，而非受限於公司原有的繁瑣架構與程序，背離客戶需求而不易自知！

部門能獨立作戰，才能提高組織效率

新的組織運作方式中，將跨部門整合所需要的各種人才集中在一個部門中，並且賦予這個組織足夠的授權，嘗試將可以獨立完成的新事業或新市場交付給這個組織，是近兩年常被採用的做法，但這個做法有幾個必須注意的原則如下：

1. **具體的部門目標：**成立這個組織必須有清楚的目標，而且是從產品開發、銷售、服務、客戶體驗管理的完整目標。
2. **清楚的部門營運計畫：**成立這樣的部門必須是一個獨立的成本中心，部門成員應該對部門的獲利與盈虧有明確的責任。
3. **適當的規模及完整的功能：**因應達成目標的需要給予適當的人力及不同的人才，避免過度膨脹編制，但也不應該刻意縮減資源。
4. **簡化及縮短決策流程：**這樣的組織最好能夠直接由事業群最高主管或是公司最高決策單位來管轄，讓部門的計畫執行與決策速度可以加速，但也充分被掌握和授權。
5. **善用既有的人才：**公司的組織如同產品一般，必須隨著競爭而不斷進步與創新，善用既有的人才進行創新與變革是企業不能不面對的課題。

我們日復一日埋首在工作中，卻往往不自覺地陷入在組織的窠臼裡，勇於檢討組織存在的不合理現象，並且嘗試使用新的方法讓效率提升，將會是企業能夠持續進步與成長的根本。

6
CHAPTER

變革的時機、策略與執行

39 ▼ 別等獲利下滑才想改變：談變革的時機

接手總經理這個位置過了幾個月，志明終於摸清楚整個公司的運作機制，他開始在會議中提出了改善既有流程的計畫，但僅僅只是拋出想法，就遭到各部門的主管反對。他一度懷疑自己是否沒有釐清真正的問題所在，所以大家才會有這麼多的意見，於是志明再更進一步地嘗試詢問有意見的主管，他們有疑慮的關鍵是什麼？

建華首先發難：「老闆，你的想法雖然很棒，但工程師們已經忙得不可開交，實在抽不出時間再去做流程自動化的改善了。」但志明好奇地詢問：「如果不設法提升自動化的比例，那麼我們不是永遠無法增加產值，提升產能嗎？」

建華接著補充說：「我們不是不願意改善，而是需要時間和配套措施。現階段我們更需要的是增加人手，但是好手不容易找，我們還在努力中，還是先讓同仁們頂一頂，不要給他們太多新的要求，等撐過這一段時間再看看吧！」志明無奈地說：「去年就一直說人力不足，董事會也核准了我們增加員額的計畫，可是你們找不到人又不加速引進新工具與方法提升效能。難道我們只能眼睜睜地看著訂單流失嗎？」

這來來回回的辯論，使得會議的氣氛格外緊繃，而其他沒加入討論的主管，都逕自盯著自己的電腦，避免和志明的目光有所交集，似乎不支持改變，卻也不想惹惱老闆。

什麼時候應該發動變革？

從公司經營的角度來評斷，是業績無法達標的時候就該驅動變革嗎？當然不是！因為單純地從業績達成率而言，必然會有許多季節因素、外在環境突變、個案延宕、短期的競爭影響，不足以依此輕易論斷是否該做大幅度的改革。

但是一旦發現某些問題反覆在組織中發生，或者一個關鍵的困境長時間未獲得有效的改善，就該認真思考是否要立即採取行動，加以解決。一個健全且積極的組織，會在下列幾個重要的原則中，找出最適合推動變革的時機：

1. 在公司獲利狀況仍佳的時候，切勿等到獲利下滑或虧損才想到要變革。

2.在主要競爭者尚未發現的市場區塊，找出可創造領先的時機發動變革。
3.在市場可預見即將產生變化之前，提早為因應市場變化而做應有的變革。
4.在組織創新動機衰減之前，主動發展應有的變革以保持進步的動能。
5.在原有核心競爭優勢流失之前，發動變革創造出新的核心競爭力。

當我們無法勇於脫離原有的舒適圈，認清自己所面臨的困境和挑戰，得過且過地繼續以一切照舊（business as usual，簡稱ＢＡＵ）的心態做事，終究會因為來不及因應上述的任何一種可能而陷入困境，正所謂「**人無遠慮，必有近憂**」。

難以變革的理由：缺乏急迫感

企業經營最常見的困境就是組織中的「自然怠惰」：**穩定的企業運作往往會讓組織中多數的成員失去危機感**，甚至將已經習慣的做法視為理所當然，鮮少會去檢討這些慣例是否應打破或是調整？最後慢慢形成一種不願意輕易改變的「自我保護心態」，而這樣的心態下也就自然變得凡事隨著慣性而為，即使是缺乏效率或是已經沒有競爭優勢也不自覺。

當組織四處都陷入「自我保護心態」後，可以想見每個部門就像是一個獨立的小圈圈，彼此不能整合協作，只會相互指責與抱怨對方不配合。這樣一來，即使每個員工都辛勤的工作，卻也會因為工作方法落伍或花過多時間在內部溝通協調，最終導致績效低落。

不被情感綁架，勇於做出改變

另外一個難以變革的理由是，**經理人往往會礙於情感而延誤決策的時機，特別是在面臨組織必須調整及人事會有異動的時候**。因為不希望自己扮演驅動變革而使他人利益受損的角色，而錯失了應該當機立斷的最佳時機；或是擔心自己的地位、原有的權力會因為變革受到影響，下意識地抗拒或放緩變革的速度。無論哪一種原因，都會因此使得公司與自己蒙受更大的傷害。

作為一個專業的企業經理人，**一切以公司的最大利益為優先考量**，創造公司的最大利益，才能夠讓身在企業中的全體同仁得到最大的保障和福祉，這是一個不變的正向循環原則與道理。切勿礙於小眾利益或是私心，反而失去了主要的根本。請勇敢地面對挑戰，即時決斷進行變革，因為**企業永續經營的不變法則，就是不斷創新與進步**。

40 ▼ 啟動新策略前要做的三件事

俊傑一大早就收到一連串的會議通知，會議主旨是「明年策略發展」，仔細一數，從七月到九月已經排了八場策略會議，公司召集不同單位的主管參與，準備各種的資料來動腦，才能逐步形成明年策略。

忙著準備策略會議的同時，卻接到業務主管志豪打來的抱怨電話：「我們最近標下一個大案子，可是你們產品和專案管理部門卻沒有合適的專案經理可以支援！」俊傑跟志豪解釋：「你們現在標的案子，都不符合去年擬定的策略方向，我們沒有預先準備這些人力。大多數的人已經投入準備新的解決方案，你們業務也應該多往這個方向開發啊！」沒想到志豪直接回答：「沒辦法！業務目標這麼高，一有業務機會我們一定先做。你們的新產品還要先教育市場，不知道哪時候才能結單，太緩不濟急了。」

俊傑心想，類似的對話每年都發生過，究竟先把目標做到比較重要？還是該在公司仍有能力時，及早嘗試創新與轉型？但轉型策略似乎很難和業務日常執行的目標連結在一起，兩者總是存在極大的落差。

落實組織策略的三個方法

有太多案例告訴我們，即便企業再怎麼成功，只要停滯在過去輝煌而怠於創新，極容易在快速變化的競爭中被淘汰。但最困難的事情在於知易行難！尤其是當企業沒有清楚的藍圖與願景，一味為發展策略而做策略，可能只是讓公司做了許多無謂的嘗試與虛耗，卻無法創造成果。

另一方面，企業策略發展就如同個人的生涯規劃，必須深思熟慮，考慮自身性格與專長，找出最適合的發展方向，再用堅定且積極的態度去落實，不能朝秦暮楚、半途而廢，否則方向再好、策略再厲害，都是枉然。在組織內想貫徹策略，必須確實形成組織內的共識，設計一套嚴謹的執行方法，以避免談策略時言之鑿鑿，執行策略時卻困難重重。

策略的思考必須在現實與創新間取得平衡，讓既有業務與短期發展穩定運作，而創新的產品或新的生意也能謹慎落實。要讓創新的服務或是產品能夠快速落地，可以採取以下三種做法。

一、內部創新實驗團隊

亞馬遜（Amazon）採用類似的概念，他們稱之為「兩個披薩團隊」（two pizza team）。簡單地說，就是設置一組用兩個披薩就能餵飽的團隊（十個人以內），賦予完整的功能及權責，有產品、售前支援、業務及專案管理，可以自行開發一個具有潛力的商機。當然前提是先找到具有市場潛力的機會，針對這個創新的機會以一個小但完整的團隊，進行迅速且有效的實驗，以檢視此一策略方向是否值得投資，而重點在於：該團隊須直接向經營團隊負責，避免受到既有組織的牽絆與限制。

二、外部策略合作夥伴

舉例來說，公司專注於技術與產品，而夥伴投入銷售與市場開發，各自在專業上努力，卻又能彼此互補加乘，如果失敗了，雙方的資源損失也不會影響到既有的業務。

三、明確的KPI＋額外的激勵措施

如果沒辦法在內部或是外部分出資源進行獨立的創新，那麼每年制定的策略方向，可能只會流於形式的宣示與口頭的檢討。建議主管應該對策略或計畫訂定具體的目標與KPI，而且這些目標必須落實貫徹到產品、業務、行銷等各個部門，甚至特別重要的策略轉型的目標，可以增加額外的激勵或是獎懲機制，讓策略被組織重視與落實，如此一來，耗費時間與資源擬定策略才有意義與價值。

「堅持創新、落實策略」，組織才能長久營運

每個企業策略發展必須因應市場的變化做出調整，因此持續貼近市場、瞭解趨勢是策略能否成功的關鍵因素之一，加上市場與科技的變化日益快速，企業能否保持靈活、隨時調整，也是非常重要的能力。

雖然創新與現實之間的平衡很辛苦，在這過程中，組織或許會面臨許多需要不斷調整和持續學習的狀況，但是「堅持創新、落實變革」是企業能夠基業長青的唯一方法。

41 ▼ 驅動員工成長，跟上變革

宇威剛走出辦公室的大樓，就看見隔壁部門主管大偉正過馬路從對街迎面走來，兩人第一句話就是互相詢問對方：「吃飽沒？這麼晚還不下班嗎？」宇威為了準備隔天的投標，才剛忙完準備去吃晚餐，而大偉聽完就說：「看來大家都一樣，我剛吃飽，先上去加班囉！」

公司想轉型，資深員工卻跟不上

宇威心裡嘀咕著……怎麼總是我們這幾個主管在忙呢？明明部門也有許多資深同仁，但因為對新技術不熟，新的專案團隊找人時總是會略過他們。最近的案子都是自己帶著新聘的員工加班在拚，搞得那些資淺員工抱怨連連，不時有勞逸不均的雜音出現，再這樣下去，好不容易找來的新進人才可能會動了離職的念頭，影響到團隊的向心力，也可能讓公司轉型做新專案的進度放緩。

員工職能與營運模式都需升級

隨著商業模式不斷推陳出新、新技術不斷取代舊有的工具，以致於企業也必須持續隨著環境的改變，來調整自己的能力與策略，才能因應變化保持成長不墜。

就拿IT部門來說，當人們使用習慣從E化（電腦化）到M化（行動化），資訊交換的速度大幅提升，而內部資訊架構，也從集中式的網際網路資料中心（internet data center）走向虛擬化（virtualization）及雲端化（cloud），顛覆IT既有的營運觀念與資源分配方式。

具體的改變是，企業原本編列大量電腦伺服器等資本支出（capital expenditure，簡稱CAPEX），未來將會變成編列雲端儲存與運算的營業費用（operating expenditure，簡稱OPEX）。而對應的人力分配，也會從大量的硬體維運同仁，轉換成軟體開發為主，組織勢必將面臨既有員工職能轉型的變革。

除了科技與技術，還有商業模式的改變會促使組織變革，例如：從實體通路走向電子商務，銷售和管理方式都有所改變，因此現在的行銷與管理，「**數位轉型**」的策略不可或缺。然而，所有變革的最大障礙都來自於「人」，特別是對於既有商業模式中業績占比較高的部分，諸如業務銷售支援會隨著產品改變，職能也必須增加或改變，或是傳統通路中負責末端銷售的同仁，需要學習的產品知識也會大幅改變等。

怎麼驅動員工成長，跟上變革潮流？

組織該如何顧及穩定發展，同時跟上變革的潮流，驅動員工一起成長？以下幾個思維原則可供參考。

一、獎勵「質化能力」，彈性調度避免過度分工

傳統的企業組織或部門主管多數關心的都是可「量化」的資源，例如：部門有多少人力？一年編列多少預算（budget）？一個員工的年均產值（productivity）？卻只有少數企業與主管會關注員工「質化」的能力，例如：研發的能量（專利、產品數量）？取得的專業認證？新技術或新工具的學習意願？再加上缺乏鼓勵員工持續進步的獎勵制度，當變革來臨時就容易有較多無法跟上腳步的員工。

另一方面，因為專業的工作要求使得各個部門分工越來越細，每個部門就形成一個獨立的「穀倉」，很難將資源與其他部門共享。**只有主事者勇於打破窠臼，因應需要調整組織並盡量簡化組織層級，才能減少跨部門的整合障礙，提升資源流動與分配的效率。**

二、高層須有變革共識，取得領導核心的支持

企業的變革絕非一朝一夕可成，而是持續不斷地進行著，所以團隊高層對於變革的策略方向必須有高度共識，並且得到領導者絕對的支持才有機會成功。

無論是鼓勵既有員工學習新的能力，或是迅速調整組織架構以打破藩籬，甚至是要將無法隨變革而成長的員工進行換血等，**每一個策略步驟，都必須有企業領導核心的支持，無法透過基層或是少數主管落實，否則只是徒增變革的困境及虛耗資源而已。**

三、「改變」應該成為企業的核心文化

企業最擔心的就是發現需要改變卻為時已晚！為了避免錯失時機，最好的方法就是：將改變與創新內化為企業的ＤＮＡ！無論任何部門、任何員工、任何時候都不斷挑戰自己過去的成功，並且企盼能創造新的成就。

面對資深員工怠於進步的現象，除了鼓勵成長以外，組織必須重新訂定公平的績效管理與考核制度，訂定一個高度公平的績效管理制度，塑造一個可以跨不同部門均信守的「企業文化」：以「持續成長」、「持續創新」、「持續學習」為核心價值，避免過度龐大的組織造成少數員工可以蟄伏於組織的保護傘下，變成公司進步與驅動變革的阻礙。

總結而言，企業要有源源不斷的成長動能，不可或缺的就是不斷創新與自我挑戰的勇氣，而這一切都需要透過對於人的有效驅動才能實現。

42 如何克服員工對變革的消極抵制？

大會議室裡冷氣雖然已經開到最強，但空氣似乎仍因為人數太多而顯得有點混濁和悶熱，承恩賣力地在台上說明著公司正在導入的新作業系統和管理機制，但是台下卻有一部分人不斷在後面竊竊私語，甚至有些時候聲音大到會影響旁邊的同事。

承恩突然停下來問說：「嘿，明華你有什麼疑問嗎？可以提出來讓我知道嗎？我可以先回答你的問題，再往下繼續說明！」明華悻悻然地回說：「沒什麼啦！我只是好奇你所說的這些東西，你自己用過嗎？真的管用嗎？如果只是要拿大家當白老鼠實驗，需要搞這麼大嗎？」

承恩被明華這樣突然一問，也愣住了！回過神來只好回說：「這是公司調查了很久的一套系統，也已經有很多其他的公司採用了，為了要提升大家的效率及強化公司的競爭力，這件事需要大家的全力支持與配合！……」但承恩還沒說完，明華就插話說：「照你這麼說，就是沒得討論啊！也不用問我有什麼問題了啊！」說完後就又逕自和旁邊的同事嘰嘰喳喳地聊起來。

整個說明會也就在氣氛尷尬的空氣中，草草結束！但對承恩而言卻暗自做了一個決定，希望能盡快克服這個困難。

變動越大，抗拒就越大

一個成功企業最重要的特質就是能夠「與時俱進」，用具體的說法表述就是：「不斷地追求進步、成長和獲利。」基於這樣的標準，我們可以想像：企業內部必然會有不間斷的學習和新的嘗試，以提升能力或效率才有辦法獲取進步，也才能夠逐步邁向成功。

所以這個追求與時俱進的過程，其實是一個企業要永續經營發展的必經之路，而不是一個特殊的條件或是某個企業的特有現象，也因此，許多企業員工常會因為聽到「創新」或「變革」，就擔心是要拋棄過去，將以往的一切革命掉！

其實，企業的創新變革就像是年輕孩子要「轉骨」成為大人的過程，需要足夠的運動和學習，才會有隨之而來的強壯體魄和成熟思想，但是當一個企業要進行創新變革時，也要思考該如何進行？否則過度揠苗助長也會得到反效果。

由美國學者埃弗雷特・羅傑斯（E. M. Rogers）所提出的「創新擴散理論」（innovation

diffusion theory）清楚地告訴我們，在創新事物的面前一定會有創新者（innovators）和早期採用者（early adopters），但也一定會有後期採用人群（late majority）和遲緩者（laggards）。

推動創新事物必然會有保守的勢力消極抵制，所以必須透過創新者及早期採用者的成功接受，再逐步擴展到早期採用人群（early majority）乃至於普及到整個組織。

推動變革的第一步：快速建立初期成功

在所有的創新與變革中，將計畫分階段設定步驟去完成，並且快速建立第一個階段的成功，是非常關鍵的第一步；因為所有的觀望者和消極抵制者都會因為這一個進展，而對自己的行為產生或多或少的懷疑，擔心自己會因此跟不上而成為被淘汰的少數。

若是計畫推動時間過長，卻無法獲得有效的進展，反而會讓這一些觀望與消極抵制的聲音得到更多的認同，導致懷疑計畫可行性的聲浪增大，使得創新變革推動更加困難。

分眾溝通＋差異化推動＝減少阻力與對立

如同「創新擴散理論」所揭櫫的概念，組織面對變革，不可能第一時間就能夠有完全一致的想法，必然會有人樂於接受新的方法與事物，但也會有人遲疑與抗拒，因此面對這樣的現實狀況，可以將不同態度的同仁，分成不同的「受眾」群組（target audiences）進行溝通與推動，避免不同態度的同仁在同一時間溝通，可能造成的相互影響或是觀念上的對立。

而對於創新者及早期採用者，也可以在推動過程中給予差異化的資源與支援，以達成前述的「快速建立初期成功」的目的，進而使得整個推動的過程可以更順利。

由上而下推動變革的決心

推動創新與變革一定是艱辛且挑戰不斷的一個過程，除了縝密的計畫與落實的執行效率，更重要的是必須由上到下地貫徹，所以經過公司內部決策後的策略，也要透過公司經營管理階層公開且持續的宣示，並給予實質的支持，也唯有如此，組織的創新與變革才能夠真正獲得成功。

許多企業之所以變革失敗，肇因於公司沒有清楚的目標及推動變革的決心，遭遇困境或是面臨衰退才嘗試改變；其實，企業進步與成長的最重要關鍵，就是不斷地追求創新與精進，並且能夠有效地運用資源，在最佳的時機做最適當的投入。

因此建構一個上下一心的氛圍，當然必須要有組織各個階層的支持與共同努力，作為變革推動的執行者，溝通必然不僅是對下而已，向上溝通及適時展現推動變革的進展與成果，並取得更堅實的支持與資源也會是成功與否的關鍵因素。

43▼三步驟做好變革時的人員汰換

志偉接到人資部門的緊急通知：勞工局發文要公司指派主管前往市政府參加勞資協調會議，原因是上個月優退的一批員工中，有位離職同仁到勞工局申訴公司單方面變更勞動條件，蓄意逼退資深且薪資較高的員工，藉此降低成本，有罔顧勞工權益的事實。

「明明是因為公司逐步轉型，這位員工跟不上腳步，連續幾年考績後段班，又幾次向主管表達倦勤，希望公司主動提出優退方案，讓他有機會提早退休。沒想到結果卻是被倒打一耙！」志偉感到非常的不解和氣憤。幾位當初一起申請優退的同仁，也在員工們的私人Line群組中抱怨被公司虧待，各種負面聲音，使得在職員工的士氣也大受影響。

轉型與換血，一定劃上等號？

公司在面臨市場丕變，或是產品與技術變革的衝擊時，必須非常迅速地做出反應與調整，否則市場將會無情吞噬企業好不容易建立的成果。但是這些為了因應公司生死存亡所做的改變，難道真的只有汰換人員一條路嗎？

坦白說，人才的更迭確實是不可或缺的方法之一。只是什麼時候（when）？什麼情況（what）？怎麼做（how）？才是經理人與企業主應該要好好思考的問題。

盡量避免無預期的組織調整

許多公司會採用無預期的方式進行組織調整，希望能立即獲得改革的成效，例如：空降主管一上任就將組織重組，但是突然的改組對於基層員工而言很難產生認同感，也會因為未來的不確定性，擔憂自己在組織中的發展。再加上工作內容的改變，或是與新主管的管理文化衝突，整體的士氣就會降低，甚至導致員工離職。

但我們必須要有清楚的認知，如果組織的確有立即變革的需求，即使會有上述的挑戰，主管也不能猶豫或停止變革。只是要在改組的過程裡，透過充分的溝通、有效的激勵措施，讓員工清楚改組的必要性，以及公司轉型對於他們職涯發展的優點，避免優秀人才流失，同時達成轉型的目標。

三個步驟做好組織人才的更迭

一、提供在職培訓，順應轉型腳步

因應市場變化，公司進行的轉型與調整必然會有不同的階段，但無論轉型的方向為何，人才都是一切的根本。

因此，主管可以為既有的同仁規劃因應未來需求的「在職培訓」，降低同仁跟不上公司轉型與發展需求的現象，培養出轉型與變革後的適任人才。

二、將績效目標與轉型方向連結

公司資遣員工，最優先的選擇一定是績效未達期望的人。但是員工是否確實理解與承認自己未達公司的期望?他的績效真的落後於其他同仁嗎?這往往是公司主管與面臨離退員工之間的主要爭議。

要避免這些爭議變成管理上的困擾,主管就必須每年根據公司轉型與發展的方向,要求員工落實相關的關鍵績效目標,並且依照達成狀況公平地進行考核,避免主管因鄉愿或怠惰而未據實評核,導致勞資爭議,徒增困擾。

三、按部就班推動全面性的變革

所有的變革與轉型所需的調整必然是全面的!人才的更迭與組織的變動也會是全面的。既然如此,就必須讓同仁感受到公司的強烈決心,讓所有人相信這一次是「玩真的」,不只是動一動基層的組織架構,也不是只有改一下不痛不癢的福利措施。從組織的決策階層到技術更新,甚至是制度的變革與教育訓練的投入等等,都要按部就班、有計畫地持續推動,才能讓大家融入變革與轉型的新做法中。

當個組織越龐大,或是運作的歷史越悠久,想轉型變革的難度就越高。所以每個組織都必須謹記一個原則,不要過度的疊床架屋,以免溝通變得複雜困難;也不要害怕改變,所有的改變如果能夠驅動進步和效率提升,即使會有一些衝擊也要面對。

每一次的變革與轉型都是痛苦的蛻變，但也因為這樣的改變企業才能再度成長，而且必須理解的是：每一次的轉型與改變都不會是最後一次！除非這企業不再存在！

PART

增強能力，拚上高位

7 CHAPTER

人際關係與個人競爭力

44 ▼ 為何總被派為救火隊？談人才輪調與歷練

家華默默地收拾著辦公室裡的東西，雖然平常的擺設已經非常井然有序，但畢竟是工作了一段時間的單位，總是累積不少的雜物需要打包。然而這一個意外的調動不僅家華自己感到意外，多數同事也沒預料到。

過去一段時間，家華的表現一直不錯，而且他展現的態度幾乎到了「使命必達」的狀態，大家都認為他應該會繼續擔任這個職務，或是承擔更廣的業務範圍才對。但老闆一個臨時通知，就將家華經整頓後穩定成長的單位移交給其他主管，宣布將他轉調到另一個部門，去接手另一項緊急任務。

家華努力了半天，沒有盼來升官加薪就算了，還被老闆丟進另一個「坑」，誰看了都同情。

老闆心海底針，難以捉摸？

許多人常抱怨老闆的心思難以預料，特別是對於老闆的人事布局，總是無法理解。其實，這某種程度代表著：**我們並未和老闆處在相同的視野，具備相同的資訊認知，所以我們無法理解他為什麼要做出這樣的決定**。

但千萬不要因為想不通「為什麼」，就錯誤地將結果簡化為「老闆一定和某人有特殊關係！」「被晉升的人，一定比自己懂得拍老闆馬屁！」這些純臆測的職場次級文化，不該是專業經理人的思維。

當救火隊其實是個歷練過程

站在老闆的角度，如果你是可以長期培養的人才，給予各種不同的職務歷練是必要的過程，藉此反覆驗證，避免出錯。

畢竟每個老闆都要為自己的生意負全責，沒有哪項困難的任務他可以置身事外，也因此，他的一身好功夫，就是透過不斷地「救火」而練就出來的！**我們如果有幸被當成救火隊，不斷被指**

派去參與不同的專案，帶領不同團隊解決不同的組織困難，就是強化自己最好的機會。你未必會在當完救火隊之後，直接就被晉升，但不必懷疑的是：如果能正面看待，必然有所收穫。

多元學習提升競爭力，讓自己的優點被看見

老闆在選人晉升，何嘗不希望找到一個和自己一樣的「全才」？但從現實的層面來看，鮮少有人既懂技術又擅長業務、財務分析，也深入瞭解廣告行銷。而隨著市場競爭越來越激烈，我建議工作者除了深耕自己的專業領域，務必要跨領域學習，使自己更具競爭力。

職場發展是一場耐力賽，除了能力與經驗的競逐之外，很難完全避免掉運氣成分。如何在最少的運氣成分之外，運用方法讓自己職涯發展更順利？我相信不斷學習成長，還是最可靠的！

另外，許多中小企業的人資部門考績系統並不完備，多數的老闆或主管都習慣透過自己的觀察來作為升遷加薪的依據。當你身處其中，就必須學習如何讓自己的優點被長官看見。

一、勇於表達，別怕出錯

許多人的專業能力很棒，但因為不善表達、個性木訥而不易被看見。訓練自己的表達邏輯，

勇於在職場上提出看法，不僅是一種學習，更是增加自己能見度的必備能力。

二、提出問題，也提出解決方法

在提出意見和看法時，記得站在老闆的角度，以組織利益為優先，協助老闆解決問題。千萬不要錯將主要目的視為「純挑錯」，只是揭發別人或組織的問題，因為組織最需要的不只是看出問題，更是能夠解決問題的人。

三、尊重他人看法，取得最大共識

如果你是老闆會晉用什麼樣的人？我相信應該是能帶動組織和諧運作的主管吧？專業能力很重要，但主管最重要的功能是驅動組織分工合作，所以在展現自己的優點時，千萬不要讓自己變成一個偏執或是「難溝通」的傢伙！

45 ▼ 職場人際之一：不擅社交也能成為好主管的關鍵

「淑娟，今天晚上大家要約李副總一起去KTV唱歌，你要一起去嗎？上週末說好一起去參觀陳總監的新家，你也沒出現，今天一定要來啦！」「你再不出現，美惠一定會趁機在大家面前說你壞話。每次你沒參加活動美惠就會說你高傲、不合群、很難溝通，會給大家不好的印象喔！」

淑娟是一名部門主管，聽到同級主管的轉述，心裡覺得厭煩，自己的工作表現明明比別人優秀，只是不喜歡利用下班時間去交際，其他能力較差的同級主管卻趁機嚼舌根、排擠她，是不是乾脆主動轉調事業部，遠離這個上班貢獻能力，下班還要和上司、同事培養關係的單位。

但是淑娟有點猶豫：冒然提出轉調，會不會讓現在的主管覺得自己真如其他人所說，人際溝通不佳、無法帶領團隊，才要轉調？會不會反而因為申請轉調，造成現任主管不滿意，新單位也不敢用？轉調與否，變成兩難。

協作溝通和專業技能同等重要

多數人在職場生涯的初期，容易誤以為能力的指標是專業能力和工作績效，只要這兩個能力夠強，就表示自己足夠優秀。

但隨著工作經歷增加，參與的工作越來越複雜，就會發現多數工作不再是單一專業可以涵蓋，必須驅動不同專業領域的人進行協作，才能真正完成更大規模的專案團隊。

因此，當職涯資歷增長、工作層級提升、團隊規模擴大、專業領域日趨複雜，必須學習如何跨界溝通以驅動團隊向前，這才是能力的展現，也是一種考驗。

高度社會化但不刻意做作

事實上，無論擔任的工作屬於哪種性質，「高度社會化」（highly socialize）本來就更能融入不同的人際關係之中。因此，作為主管或是負責領導團隊的人，能夠樂於與人接觸或是擅長與人來往，相對會有一些優勢。

如果是公司同事間下班後的交際活動可以選擇適度參與，若是自己不感興趣，則不必過度勉強，但也可以主動安排自己感興趣的下班休閒活動，邀請大家一起來參加，自然可以破解不必要的誤解。如此一來，就算不是一位非常具有領袖魅力的主管，也能夠成為一位貼心又值得下屬與同儕信任的主管。

但是並非不擅長與人來往的人就不適合擔任管理者，一旦擔任管理工作，與人接觸與溝通的頻率必然增加，所以主管要學習具備與團隊溝通的能力，即使不是長袖善舞的交際，也要懂得觀察不同人的想法，給予適時、適切的回饋，並在工作上給予及時的指導與幫助。

驅動團隊協作的關鍵：換位思考

在組織中很難有一位主管能歷練所有部門，且完全瞭解各部門的運作細節，如何讓每個不同執掌、不同專業的團隊能夠溝通合作，才是高階主管的能力。

要說服他人並非易事，尤其是在自己可能沒這麼熟悉細節的區塊，該如何調動比你更瞭解這項專業的人，依循著你的想法去做？身為一位需整合不同專業與跨領域領導的管理者，最有力的工具就是「換位思考」的能力，設身處地站在對方的立場與角度思考，才能夠真正有效發揮出他的最大功能，同時讓團隊發自內心地投入與合作。以下幾個步驟可以幫助你換位思考：

1. **站在外部看組織**：模擬更高階主管的視野與思維，檢視自己與其他同儕之間的競合關係，有哪些是你應該加強合作的對象？
2. **找出彼此的互補關係**：對於應該加強合作關係的對象，主動去瞭解他的工作困擾及你可以協助的地方。
3. **別怕被占便宜**：對於跨部門合作重點在於「做」，不在於「說」，「做得多，說得少」，成效與收穫必然會大，若是「說得多，做得少」，則會有反效果。
4. **讚美比批評好用**：發現他人的優點並且給予讚美，將會幫助你成長，而總是看到他人的缺點且不斷地批評，則會讓你陷入困境。

46▼職場人際之二：有人的地方，就是江湖

星期一的早晨，辦公室的氣氛本來就比較緊張而忙碌，再加上新調來的總經理也在同一天上任，大家不僅提早來上班，看起來也特別的嚴肅，而怡君除了將前任總經理交辦的工作盡快完成，也不斷地詢問新來的祕書關於新老闆的背景及過去的習慣，深怕第一天跟老闆開會就留下不好的印象。

十點一到，大家準時聚集在會議室歡迎新任總經理，並參與第一次的週會。老闆很快聽完大家的自我介紹和報告，開始逐一詢問大家現有業務的狀況，當問到怡君時還特別多說了一句：「有人跟我提過你，聽說你已經在公司服務很多年了，好好加油喔！」怡君心裡不禁犯了一陣嘀咕：「誰在老闆來之前，就先在他面前講我啊？」

隔了幾天，怡君被老闆叫去辦公室，老闆很直接地說：「你在目前的部門也很多年了，應該試試其他的工作，多歷練一下。我已經決定調你去行銷處帶另一個團隊，你把工作交接給美惠，

人事異動從下個月初生效！」怡君心裡有千百個不願意，卻礙於老闆的嚴肅表情而不敢說出口，還來不及反應就被老闆請出辦公室。而且她打從脊梁骨深處冒出冷汗，因為美惠是她在公司這麼多年來，交情最好的姊妹淘之一，沒想到卻成了她從現有單位下台後的接班人，難道是美惠去老闆那裡運作的嗎？她真的不敢再往下想……。

職場猶如社會縮影，千萬別輕忽人性

許多人在職場中總是抱持著「認真做事，踏實做人」的態度，這雖然是絕佳的職場哲學，但也千萬別輕忽了**只要有人的地方，總免不了競爭和淘汰！**除了認真踏實之外，也要略懂在職涯叢林中的求生之道。

其實，職場的競爭不外乎就是一個「資源分配」的競逐，因為組織的分工和運作永遠都是環繞著這個核心的問題，關鍵的位置必然掌握著最重要的資源。

但就組織決策者的思維而言，除了將資源做最有效的分配以獲取最大的效益，其他的附加價值就是藉著資源分配，彰顯決策者的權力！

因此，**在職場中的首要生存之道：就是將自己的利用價值極大化（創造最大效益），其次**

是：最大程度滿足決策者的權力欲（安全感）。

創造自己的價值，就不怕被淘汰

多數的員工在自己職涯的過程中，最常思考自己得到了什麼？例如：老闆給我什麼樣的待遇？給我什麼福利？給我多少人力？給我多大的決策權力？等等。

除了安於現狀這個通病以外，多數人鮮少去思考：我究竟為這個組織或公司帶來多大的效益？包括自己的本職學能以外，是否繼續學習以跟上公司的成長？自己的下一個挑戰目標是哪一個部門？該做些什麼準備？有什麼新的商機值得公司關注或投入？

其實，每個老闆都不喜歡「倚老賣老＋安於現況」的員工，更擔心「找到機會就想跳槽或創業的傢伙」。**如果想要將自己的價值極大化，就必須適應公司變革及老闆想法，隨時準備好投入公司新的商機，擔任開路先鋒**，避免和「不想變革」或是「缺乏忠誠度」劃上等號。因為公司、老闆和你、我都一樣，唯有不斷進步才是成長之道。

讓老闆信任你的三種方法

權力欲望自古以來就是領導者帶領團隊不可或缺的「必備良藥」，一個缺乏權力欲的領導者，往往也會缺乏對於關鍵決策的敏感度。因此，我們難免會遇到掌控欲望強烈的主管，特別是一個組織的迅速成長，雖然需要領導者懂得授權，**但別輕忽了這個權力是由他所授予，這個過程和這個權力的根源如果被忽略了，就會失去領導者對你的信任**。

要建立領導者對你的信任，讓他具有安全感，一般有以下幾個重要的方向：

1. **能力互補**：針對領導者熟稔的領域，以他的意見為主；對於他不熟或是不想著墨的區塊，應主動補位協助分擔工作。
2. **資訊透通**：以領導者的標準為依據，切勿自行判斷事情的輕重緩急，或選擇性地只讓老闆知道部分資訊，以免造成「知情不報」的錯覺。
3. **情感交流**：身為主管要確實瞭解屬下；下屬則要做好向上管理，最重要的方式就是適當的溝通，無論是「一對一」的會議或是適時聚會，甚或是家庭聚會及休閒活動都是很好的交流機會。

再長的篇幅也說不完該怎麼處理「人心的問題」，但可以確定不變的原則是：所有的一切源自於人性，在基於順應人性的原理下將事情圓融，將人的情感與情緒撫平，將自己的能力與價值發揮到極大，你在職場上也必然能夠更加順心順利。

47 老闆朝令夕改，主管平時能怎麼預防？

「他╳的！為什麼又改辦法了啊！」一大早，辦公室裡就傳出咒罵聲，因為業務打開電腦看見最新的業績獎金辦法，一陣討論之後大家不禁罵了出來，對於公司已經公告的獎金計算標準在年中又做修改，不僅覺得非常不公平，更有被公司占了便宜的不悅，雖然大家尚未仔細地精算最終的結果，但是群情激憤就是覺得老闆不想發這麼多業績獎金才會改辦法……。

建宏在辦公室裡聽見外面沸沸揚揚的吵雜聲，心裡雖然想要出面緩頰，為新的辦法做解釋，但卻始終沒想清楚該怎麼說，因為老闆沒多說地一聲令下，使得他這個業務主管也落得「裡外不是人」不知道該怎麼辦才好。

在不同型態的企業經營模式裡，決策的速度一直都是中小型企業的優勢，但是決策的品質和制度的建立與落實，卻也是隨之而來經常出現的關鍵問題所在，因為習慣由老闆一個人的獨立判斷與決定，所以可以很快地就做出決定，並且雷厲風行地要求下去。

但是這些決策一旦有錯或是並不恰當，很少會有人願意事先去提醒老闆，或是當老闆自己覺得不妥，又會反覆地改變已經決策的事情；這些狀況最後都會成為增加組織管理風險的原因。

決策前的三個基本步驟

但身為中小企業的老闆也許會對上述的情況覺得不以為然，因為在極度競爭與求生存比什麼都重要的情況下，沒有適當的資源可以做好決策的品質，「朝令夕改」總比「不決策」或是明知有錯而不修正好吧！

這樣的想法雖然反映了企業經營的真實面貌，但若考量企業的長期發展，不妨參考「理性決策理論」（decision making theory）的方式，來幫助我們做好決策，而這個方法就是基於三個基本的步驟：

1. **情報活動**（intelligence activity）：透過長期且深入地蒐集各種營業所需的情報、資訊、人事、制度、輿情，以及對員工與客戶的觀察，來作為基本參考。
2. **評估活動**（evaluate activity）：根據已經有的各項資訊與情報，對於決策事項的執行方式做深入的評估，並權衡其可行性與優缺點。

3. **選擇活動**（choice activity）：根據前述的評估，對於各項可能的做法做出最終的決策。

這三個基本的活動不見得是非常複雜的決策模型，即使是你一個人做決策也應該透過這三個步驟來檢視自己即將做出的決定，正所謂「三思而後行」大概也是一樣的意思吧。

幫助老闆提升決策品質的五項原則

其實很多時候老闆的朝令夕改，也不全然真的是因為資源有限所造成，常見的情況是：強勢的老闆＋慣於沉默的主管＝粗糙的決策，所以要避免因為老闆缺乏周全思考就做出決定，或是反覆變動已經決策的事情造成管理上的困擾，作為企業經理人應該要有反映真實問題的勇氣，但如何向上溝通與管理也是重要的學習，以下的五個原則可供參考：

1. **不公開反對原則：**切勿於公開場合或會議反對或質疑老闆的決策，盡可能與老闆在單獨談話時提出你的建議。

2.**不做事後諸葛原則：**不要在老闆做出決策並且實施遭遇困難後，才提出你的見解與想法，要勇於在錯誤決策被執行前就提出建議，以減少不必要的虛耗。

3.**不做傳聲筒原則：**請不要以其他同仁或同事的意見為幌子，或是代替其他人跟老闆表達對於決策的反彈，要以自己的想法與意見作為建議的基礎，因為企業決策不是取決於「民意基礎」，而是考量績效與可行性為優先。

4.**不做人身攻擊原則：**千萬不要因為要說服老闆，或是證明自己論點的正確，而去批評或是凸顯其他人的缺點與曾經犯下的錯誤，以免模糊焦點反而造成不必要的困擾。

5.**以方法論為基礎：**如同前述的「理性決策理論」，要以完整的情報蒐集和可行性分析來說明你的見解，而非以感覺或是單純的情緒判斷為依據。

誠實的烏鴉 vs. 聽話的八哥

當我們能夠清楚知道自己應該遵守的原則之後，要在公司利益與老闆的決策風格之間找到適當的建議時機已經不難了，你無須總是順著老闆的想法與意志去附和，應該依照對公司最有利的方向去提出看法，協助老闆做出最佳品質的決策，並且盡可能降低不必要的任性變動或是獨斷獨行。

因為企業的長期發展與持續成長，除了公司有明確的目標與良好的發展計畫外，企業的經營團隊能夠以有效的領導手段和好的制度規章驅動團隊，絕對是可以提升計畫的執行效率，進而增加達成目標的可能性。所以不是不能朝令夕改，而是該如何不斷提升決策品質，讓團隊建立認同感與對組織及領導人的信心，也是企業成功不可或缺的因素之一。

48 如何和控制欲強的老闆共事？

曉芬一走到辦公室門口就聽見老闆在問：「你們主管去哪兒了？」「為什麼這個專案是這幾個同事負責？」「這張廣告宣傳單的設計稿為什麼我沒看過？」曉芬心裡不禁一陣嘀咕：「是來查我的勤嗎？這些執行的細節工作我不能自己決定嗎？」

轉瞬間，老闆再也掩不住內心的不悅，臉上顯露出不安與眉頭深鎖的表情，接著大家看見曉芬憋著臉走進來，與老闆四目相望就像是即將對決的槍手相互凝視，所有人只能立即低下頭來裝忙，誰也不想被兩人看見自己臉上的反應，整個單位辦公室的氣氛也立即降到冰點。

職場中這一種強勢又有強烈控制欲的主管，其實是很常見的一種老闆性格，因為能夠創業或是能突破激烈的職場競爭，進而擔任高階主管帶領企業的經營與實際運作的人，在主觀意識上大多會比一般人強烈；如果再加上自己的實作經驗也很豐富，更容易習慣性地就會以自己過去的經驗為參考，要求下屬鉅細靡遺地依照自己的方法做事，殊不知，組織中分工的原則與進步的動能，就是要讓每一位擔任現有工作的人都有嘗試與學習的機會。

為什麼拔擢主管要從基層單位開始訓練？就是希望藉著主管自己帶領團隊嘗試去執行工作，以培養他們的管理、決策的能力，因此給予適當的「方法訓練」及相對應的「決策授權」就是未來能夠承擔責任的一種基本觀念，如果老闆凡事介入或是沒有給予清楚的決策授權，那麼無論哪一層級的主管最後都會形同虛設，最終會變成老闆一人獨斷的現象。

控制型老闆的特徵

根據美國西北大學（Northwest University）雷斯．派瑞特（Les Parrott）教授所提出的見解：「控制狂是指比你更關心某件事，並且會一直堅持己見以獨行其事的人。」

所以我們必須清楚地理解到一個事實，如果你的老闆有這樣的特徵，你很難去改變什麼，只能嘗試在這個狀況下取得最佳的合作模式，並嘗試讓你的老闆透過「自覺」而改變自己的做法。

而若以具體的行為來認定，以下幾點特徵可以作為判讀老闆控制欲強弱的參考：

1. 不喜歡與下屬分享關鍵訊息，無論訊息是來自重要客戶、主要的供應商、內部跨部門的主管等，凡是重要的資訊只能透過他來告知與分配給大家。

2. 不喜歡下屬沒有跟他報告就自己做決策，無論下屬是哪一個層級！即使下屬主管應該有的決策授權，也會希望先跟他報告過再決定，而因此讓自己成為工作流程的瓶頸也不自覺。

3. 喜歡突然跳下來參與下屬正在進行的工作，且不喜歡聽取其他人的意見，而是習慣指導大家按照他的意見去執行。

4. 總是不斷告訴大家他很辛苦！但卻不願意將積壓在手上的工作交辦給其他人。

5. 鮮少會承認自己的工作有錯誤，就算發生錯誤也會歸咎於下屬執行不力或是沒有提供正確資訊。

因此，透過上述特徵的描述你可以知道，控制欲越強烈其徵象就越明顯，而這樣的行為是一種個性與心理層面的問題，絕非單純改善彼此的信任關係就能解決。

如何與控制型的老闆共事

如同前述，要與控制型的老闆共事是非常挑戰的一件事，而最艱巨的部分就在於你必須先有健全的心理素質及良好的情緒管理能力，而下列幾個方法可以嘗試：

1. 老闆干涉你越多，表示對你所轄的業務越重視，不必因此氣餒或是生氣，習慣凡事跟老闆報告，讓老闆清楚你的想法，會讓你工作起來更順利。
2. 不要期待老闆對你充分授權或是推心置腹，凡事不清楚就立即發問，不要抱怨資訊不足或是自己的意見沒被認同，任勞任怨終究會出頭。
3. 對於老闆的意見，落實於工作執行中若獲得好的成果，要主動報告讓老闆知悉並感謝他的指導，如果遭遇困難或成效不彰，則應主動自己檢討改進。
4. 不要批評老闆的做事方法，特別是他事必躬親造成的困擾，因為當你對他有這樣的偏見就會忽略掉他其他的優點。
5. 嘗試從老闆的經驗中找出對你最有幫助的部分，並且針對老闆擅長的部分跟他請益與學習，藉此建立與老闆正面積極的合作關係。

「控制欲」其實是每一個人都會有的問題，其影響只是欲望強弱與擔任的工作所形成的差異罷了，每個人都會希望自己的自主權力越大越好，或是意見都可以得到別人的認同；但在現實的職場與生活中，這些期望都不可能盡如人意，切勿因為老闆的控制欲強烈而輕言放棄現在的機會。能夠與各種不同類型的老闆共事，其實也是從中階主管邁向高階經營主管的必要修煉之一。

49 ▼ 說服老闆、向上溝通的三個重點

冠廷坐在電腦前看著螢幕上的財務報表，當季雖然達成財測，但他心裡卻在嘀咕：「這一季的財報結果，肯定又會是老闆推託的一個藉口。」因為無論冠廷或其他年輕主管提出建議要公司多引進一些新的做法，老闆都會以公司的每季獲利必須大幅超越目標，否則沒有餘裕可以做新的投資作為藉口，所以最後總是無疾而終。

其實，冠廷心裡清楚這是一個發展潛力相當好的公司，老闆也是一位非常努力投入在公司經營的企業主，但麻煩的卻是：老闆是白手起家，也因此一切事情都自己決策慣了，不太輕易相信及採用其他人的建議，對於策略性的投資與變革也相對比較保守，因為他的成功經驗讓他堅持：「凡事不要當先行者，因為中小企業沒有冒險的本錢！」

但也正因為如此，公司雖然吸引了一些年輕的新血加入，但受限於老闆的保守經營策略，這幾年來人才就在進進出出中流失，許多寶貴的技術與管理知識也很難累積下來，所以公司就只能

勉強維持獲利，卻無法順勢而起地快速成長。

別再只用老闆的視野看事情了

過去的經驗告訴我們：你必須學習用你老闆的視野看事情，才能夠知道他的想法並且超越他的期望；但是事實告訴我們：只用你老闆的視野看事情是不夠的，因為那也只能達到他所能理解的範疇與領域。

如果我們要提出超越老闆期待的洞見，或是能夠提出更具說服力的建議，你必須超越你老闆的視野，以更高、更大格局的洞察作為提出建議的基礎。

特別是在今日這樣一個資訊爆炸、任何資料都能透過網路搜尋、輕易獲得的時代，所有的決策需要的不僅只是資訊或是資料的呈現，更需要獨到的分析與見解才是決策的關鍵因素。

建立洞察力：以終為始、以事實為基礎

由知名心理學家佛洛姆所提出的期望理論：

激勵＝成果價值×期望值

此一理論雖然經常被運用於激勵制度的設計，但其實這也是向上溝通的一個重要依據，因為當我們要建立更高的洞察力以超越他人的期待，你必須先知悉他的「期望值」和展現出能夠得到的「成果價值」（或稱為效價），如此才能夠激發他願意投入的動機，進而採納你的建議。

簡單地說，好的說服方式是「以果導因，以終為始」，先呈現出最終的預期效益與成果，得到認同再依需要說明細節，而非只強調計畫的重要性及必要性，就一味地希望得到認同與核准。

另一方面，無論是對於預期結果的估計，或是資料的蒐集和分析，以及執行的計畫都應該盡可能以「事實」為基礎，而不是推測、假設或以未經查證的資訊作為參考，這樣的溝通將會讓決策的說服力大幅提升。

與老闆有效溝通的三個重點

其實，企業中積極與保守兩種不同意見最大的隔閡之處，大多是對風險承受能力與挑戰機會的看法不同，保守者堅信「避險為上策」，而積極想突破現況的人則必然是相信「企業經營不進則退」，所以兩者的觀點並沒有在同一個討論基礎之上，各說各話往往很難有一致的共識。

因此，面對頑固保守的老闆，想要有效地溝通並且讓他願意採納你的建議，必須將自己的溝通的方式與老闆所在意的關鍵形成互補，而下列幾個重點可供參考：

1. **不要以解決公司目前的問題為前提，而要以創造公司更好的發展為目標**，例如：不要因為公司目前的網頁設計太過時不能吸引顧客造訪，所以認為需要改版，而是應該建議為了讓公司可有更好的客戶溝通，並有發展「線上到線下」（online to offline，簡稱O2O）的商業機會而提出完整的網路銷售策略。

2. 以終為始＋風險控管＝創新與務實兼具，在**提出建議或引進新的做法時，切勿只是單方面的強調新做法帶來的好處，也要適當地對於新做法可能的風險進行評估**，並且對於可能的風險提出如何控管與規避的建議，如此不僅可讓計畫更完備，也能夠讓其他人對計畫更具信心。

3. 以反省作為基礎，務實地提出建議，**面對相對保守的決策主管，應該盡量以公司實際運作的需要為主，避免只是為追求創新而提出變革的建議**。因此，多以公司本身的歷史紀錄或是與競業之間的比較，作為建議及方案的重要依據，會有更好的說服力與務實的效果。

老闆不願意接受新的觀念和做法，關鍵很可能是他的個人因素，而這是我們無法去掌握與控制的，但除此之外，作為專業經理人應該盡一切的可能去扮演好我們應該有的角色，如同前述：運用有效的溝通方法、充分地蒐集應有的資訊並分析提出洞察、全面性地衡量風險及提出妥適的建議，這將會是突破溝通障礙的最佳方案。

50 ▼ 計畫被推翻，反而是成長的機會

俊傑正在會議室和團隊成員開會，突然手機鈴聲響起，一看是老闆的電話，沒多想立刻接起來：「老闆，有事嗎?」電話的另一端：「俊傑，你昨天跟我說的那個計畫，我想了一晚還是覺得不太妥當，所以我決定暫緩執行這個項目，等市場狀況更明確之後我們再來評估是否重啟!」俊傑：「老闆，我和團隊都已經準備好了，大家都信心滿滿想要好好拚一下，你突然喊停大家不僅失望，更會因此而失去信心的!你要不要再考慮一下?」

但是老闆最終還是沒接受……準備了許久的計畫被打槍，讓俊傑覺得不被尊重，更令他在意的是：自己所帶的團隊會怎麼看他?真的覺得很沒面子，一股衝動想要立刻丟出辭呈打包走人!但回想自己在這裡已經累積的成果和公司給予的許多支持，他還是忍下來了。

事後不久，俊傑發現國外大廠推出一個產品，和自己原先計畫代理的次級品牌非常類似，而且實際的定價也比自己原先所設定的價格要低，所幸當時計畫並未斷然執行，否則今天所面臨的

挑戰將會無比艱巨！

「被否定」可能就是你成長的機會

其實，作為經理人必然會遭遇到決策的兩難，很多時候我們無法有絕對明確的理由或足夠的資訊，可以支持你做出一定正確的決定，尤其在許多商業情報已經刻意被保護起來又高速競爭的情況下，有些決策可能需在資訊不透通與不完整的情況下決定，如何取捨就考驗著決策者的經驗與智慧，而這樣決策的難處，就難在決策者必須承擔決策錯誤的後果，可能是巨大的金錢損失，也可能是失去自己的工作。

因此，雖然自己的想法被質疑，甚至是被否決，是一件非常不舒服的事情，但將這和「做錯決策」所需承擔的風險相比，就顯得微不足道了。

我們必須有一個清楚的觀念：「權責相符，禍福與共」，擁有決定權就必然也承擔著責任，一個好的經理人不能只想著成功的果實如何分配，但卻不準備著失敗時該怎麼承擔後果；所以當有意見衝突或是看法不一致時，其實也是辯證想法的最佳時機。

心理學研究顯示：「多數人無意識地具有心理防衛機制（defense mechanisms），而防禦機制是藉著自尊或自我美化，而保護自己免於受傷害，而此機制會產生類似自我欺騙的性質，藉以掩飾或偽裝我們真正的動機。」

因此，要避免決策未經真正理性的辯證而做出錯誤決定，對於決策討論中的不同意見，要試著不採取敵對的態度，對於自己所提出的想法也不應該過度堅持，不堅持自己的意見並非代表著自己的想法不周全或不夠成熟，而是因為一旦心裡只想著為自己的想法辯護，就會因自我防禦機制而否定或忽略其他人的意見。

學習決策者的思維方式

避免陷入「自我防衛機制」所產生的思考盲點，我們必須學習用更廣的角度看事情，而不是只用自己的視角來看一切，特別是在職場中選擇一位可以學習的對象，更是一個可以有效擴大自己視野的方法。因此，當你和老闆的意見相左時，正也是你最佳的學習機會。下列幾點是如何向主管學習的重點方法：

1. 被否定時，別只顧著辯解或生氣，一定要問清楚原因！

2.觀察你的主管如何與他的老闆溝通?
3.找出你的主管最值得你學習的優點,找到機會就提問學習!
4.不要只帶著問題去問,因為你的主管一定會反問:「那你自己怎麼想?」
5.相同的錯誤千萬不要被糾正第二次!

想要成為被主管肯定與信任的部屬,願意對你傾囊相授,充分的瞭解與對於工作品質的掌握是最根本的基礎,所以我們在工作的過程中,就是要不斷展現自己對於主管期望的理解,以及能以超越主管期望的態度去完成工作。因此,不怕被否定、不怕被拒絕、主動積極且願意學習是最終的關鍵。

每一個人都有值得學習的地方

「滿招損,謙受益;滿必溢,驕必敗」這是許多人都清楚的道理,但是真正能夠知道並且做到的人卻不多,其實學習與主管相處,和學習與其他人相處,都一樣的重要!而且道理都是相同且淺顯易懂的,端看我們能不能真正的體悟與落實。

如果我們在工作中能時時戒慎謙虛，就不會為了一時的挫折而頓失信心；或者我們能夠經常懷抱著虛心學習的心態，就能夠有更從容的心境接納更多好的建議，而讓自己的工作更加順利圓滿。所以境隨心轉，只要我們的心態改變了，人際關係和工作的品質也將會隨之改善。

51 ▼ 五個原則，制定出好策略

「你有收到下週的策略會議的通知嗎？」「聽說要先檢討去年策略的執行狀況？」「你有沒有去年的策略決議啊？寄給我參考一下，不知道要怎麼寫檢討報告！」家華一整天接到一堆詢問關於策略會議的電話，尤其是嘉凱跟他抱怨了半天，並且提出一連串的建議，他覺得這似乎已經變成主管之間，每年一次都必須經歷的痛苦過程。

對於菜鳥主管而言，不知道該怎麼進行所謂的「策略發展」；對於已經參與策略發展多次的主管，則是對於沒有被落實的策略發展，感覺到消極與無奈！

因為大量時間與精力投入，再加上一連串的會議，實在讓大家覺得曠日廢時又增加工作負擔，真希望有人能夠跟老闆溝通，是否能夠將策略發展的工作交給公司高層自己搞定就好了！別再折磨我們這一層中階主管了吧！

於是家華好奇地反問嘉凱：「請問你們清楚去年公司所制定的策略方向和計畫嗎？你們部門

的所有同仁，難道沒有依照公司的策略方向去執行工作嗎？」

嘉凱吃驚地回答家華：「你有聽說過公司給了我們具體的策略說明嗎？或是策略會議有訂出具體的執行計畫嗎？不就是每年給一個高不可攀的口號，再加上一個極為挑戰的目標數字，和一堆我自己都不知道是否能夠做到的ＫＰＩ。記都記不住，更不用說知道該怎麼去做到，反正每年都是這樣，就是按照老闆的要求盡力去做就對了！」

你們公司的策略發展是哪一類型？

其實有些企業並沒有所謂的策略發展，因為公司的策略方向全憑老闆一個人的意志決定，但多數企業最容易犯下的錯誤，往往是將策略發展的工作交付給少數的高階主管討論決定，但是卻沒有將策略轉化成具體的執行計畫，並且落實檢討這些計畫是否如期、如實地執行，同時能針對遭遇到的困難進行檢討與調整，務求策略不是一個理想而是公司下一個階段發展的根本方向。

所以若以常見的幾種企業發展策略方式來分類，可以看出不同的公司型態做出策略的方式大有不同，當然也會面臨到各自不同的挑戰與困難。幾種分類如下頁的表格所示。

無論哪一種方式都有許多成功的企業，絕非一定必須採用哪一種特定的策略發展方式才能成功，因此策略發展的方式沒有絕對的優劣之分，只有適合與不適合的差異，但是重點在於制定出策略方向之後，必須能夠確實地去落實執行，最終才能獲致成果。

策略發展的基本原則

一、長遠性

從「策略」（strategy）這個名詞的發源，以及近代策略管理相關的研究來綜觀：「策略發展」應該是著眼於公司長期的發展，而非只是將眼光聚焦現在或是未來一、二年的需要，雖然策略發展的結果也必須做出一個可以落實的計畫，但這樣的計畫應該涵蓋如何達成長期目標、延續當前年度應該執行的工作，因此這也是常會有人將做「年度計畫」與「策略發展」混淆在一起的原因。

公司型態	策略發展方向	優缺點
中小企業／新創	經營者獨斷獨行	效率高／欠周全
短期發展型企業	執行管理層制定	視野高／落實難度高
長期發展型企業	基層與中階參與＋高階發展	具全面性／耗資源

二、前瞻性

企業在競爭激烈的市場中要能持續成長、獲致成功，最重要的因素絕對是能夠創造出與同業的差異化，無論是技術的領先、市場發展趨勢的先機、管理效能的優化，或是關鍵夥伴關係的布建，都是贏在一個「先」；所以發展長期策略當然必須充分地考慮到如何領先同業，比他人想得更遠、更精準，執行更有效率！

三、可行性

策略確實是一個綜觀全局才能夠發展出來的方向與計畫，所以過度發散地希望全員參與，是不切實際的想法，但策略最好能是一個「集體智慧」，若能在管理階層盡可能地提高參與的程度，將有助於策略方向以及計畫形成之後，可以快速地向全體員工溝通，並且有效地落實。

如何做好策略發展？

根據基本原則的框架，做好策略發展應該有以下幾個步驟。

一、明確的中、長期策略與目標

舉例來說，台積電在公司設立初期，就明訂「專注於專業積體電路製造服務的本業」作為基本策略，目標就是放眼全球市場，而不侷限於任何特定地區，追求永續經營及堅持誠信正直的經營理念；也因此，每五年就為未來做出一個公司的長期策略規劃。

二、充分的市場資訊蒐集與分析

策略方向的制定必須具備「前瞻性」、「可行性」，所以站在更高、更全面的視野看未來，並且誠實檢視自己與競爭同業之間的差異，避免閉門造車，才能夠擬定出真正可以開創出未來發展的策略。

三、具體量化的承諾與指標

長期策略雖然是一個大方向的目標，但必須是建立在可以被落實執行的原則之下。因此擬定策略的計畫時，必須考慮公司的營收、獲利、投資報酬等基礎要素，也因此，一個長期的策略目標，會被分配成為一個滾動式的逐年計畫，每一個年度就會有必須達成的年度目標承諾與執行工作指標（KPI）。

四、檢討過去＋發展未來

以長期的策略目標作為我們擬定執行計畫的標的，去年所做的執行計畫與策略做法，就是今年繼續進行策略發展的基礎，所以每年擬定出來的策略計畫應該被具體地訂定成個別的工作項目，並且按月、季、半年、年度的進度進行檢討，而不是每到年底，才再來檢討去年策略會議中所討論的策略是否被落實。

五、策略是計畫也是願景

策略制定千萬不要變成是公司高層的口號，而應該成為全體同仁都清楚且認同的未來方向，所以每一年因應公司達成長期策略目標所做的策略計畫發展，應該不厭其煩地詳細向公司的同仁說明與溝通，確保絕大多數的同仁都清楚公司的發展方向，並且願意真心配合，這也才能讓公司的戰力能夠真正全面地被發揮。

8 CHAPTER

職涯發展

52 ▼ 爭取加薪前要做的五項審視

家華從主管的手裡接過加薪通知，心裡沒有一絲興奮與感激，反而油然而生一縷幽幽地惋惜。回想年前，同事邀他一起跳槽去對手的公司，可以拿到的條件是現有薪資加三〇%，還可以擔任管理職，帶領一個團隊。

家華當時考慮老闆年前就一直跟他說：「公司正在發展新的業務，會有更多的主管缺。我們考慮讓現有的資深同仁晉升，所以你一定要好好表現！」他期待著自己能在熟悉的環境中得到更好的發展，因此婉拒了同事跳槽的邀請。

但是發完年終後，家華發現老闆根本沒有特別善待自己，即使任勞任怨做得比其他人更多、更努力，不計較自己的付出，但老闆可能吃定他「圖一個安定」，只給他普通的考績和調薪，讓他錯失跳槽的機會。

會吵的孩子才有糖吃？

職場中沒有絕對的公平原則。不僅是工作內容很難逐項分配，以做到真正的同工同酬，也因為每個人的能力與專長不盡相同，一定會遭遇難易不同或是挑戰不同的情況。

為了凸顯自己相較於他人更努力、付出更多，許多人會想方設法地在老闆面前求表現，刻意讓老闆知道、感受到自己的努力，或是提出對於現有條件的不滿意，試圖讓自己的重要性被高估。當老闆越來越擔心失去這個員工，最終就可能對這類員工採「留才」決策，像是破格晉升，或是給予較大幅度的薪資調整等手段。

但是我們真的必須「刻意展現」自己的努力，才能爭取升遷加薪嗎？這端看團隊是否建立了一套可長可久的評量制度！如果公司缺乏完整的人才評估標準，也沒有市場同業薪酬情報可供參考，只停留在以主管的主觀意見判斷員工的貢獻、應給予的薪酬，那真的很難不落入上述的「會吵的孩子有糖吃」的困境。

你有和老闆議薪的籌碼嗎？

坦白說，一個同質性很高的職場環境，以類似的條件進入公司的同仁，在本職學能上的能力應該不會有太大差異。如果想要有足夠的籌碼能跟老闆談自己的待遇，你就必須有以下幾點考慮：

1. 你所負責的工作，除了你以外還有哪些人可以做？（可替代性高？低？）
2. 你所負責的工作所產生的價值相較於其他人？（雷同？高出許多？）
3. 你除了現有的主要工作之外，還能兼任或具備其他更重要工作的能力嗎？
4. 你和同儕的薪酬差異很大嗎？（你是低於？高於平均值？）
5. 你自認為你的老闆喜歡與你共事嗎？還是苦無理由讓你離開？

我們身在職場除了要具備應有的專業能力，也不能缺少良好的工作態度及正確的價值觀，千萬別犯下「自我感覺良好，無視於環境真實狀況」的錯誤。

舉例來說，具有良好技術能力的工程人員，只願意待在公司做好技術開發工作，不喜歡面對客戶更不能接受別人批評自己的能力，而且將這種錯誤的態度美其名為「工程師性格」，殊不知這就是他職涯無法持續成長的最大窒礙。所以當你想清楚了自己的價值，就可以知道是要積極爭取，還是要先累積與創造自己與其他人的差異。

與其專注在我們今天是否被老闆占便宜，或是該怎麼去爭取更好的待遇，不妨思考更高層次也更核心的問題：該怎麼積累出自己與眾不同的價值？有一天不用由我們去爭取，也能待價而沽，讓別人來喊價。

隨著網路與三C產品的普及，現代工作者累積知識的方式不再是「深究其理」，而是片段、迅速的搜尋。雖然可以隨時、隨手上網找尋想要知道的答案，但所獲取的不盡然就是正確的知識，過度的自我與偏信網路上迅速擷取的資料，已然成了一種職場通病。

想要在職場中厚植實力，更需要靜下心來面對基礎工作。在實作過程中將每個步驟的原理、原因弄清楚，並將自己的專業視為解決問題的工具，虛心地學習如何融合各種專業，促成一個團隊的協作，而非只考慮自己。

53 ▼ 成為潛力股就有舞台，不論是升遷或轉職

「嗨，雅婷，我是美惠啊！我們公司正評估擴大在中國的投資規模，希望能找到合適的區域營運主管，我想問你是否有興趣來幫我們？」這一個突如其來的跳槽邀請，讓雅婷有點措手不及又有點受寵若驚，但她腦海中第一個閃過的念頭是：「這一把年紀了，我還要冒這個險去大陸打天下嗎？」因為這一個念頭，她終究沒有爭取這個機會。

沒多久，公司聘來一位新任主管。高層將原本雅婷的業務轉交給新主管負責，理由是希望借重他在相關產業豐富的經驗，為這幾項業務帶來新的轉型，公司甚至有不少傳言：雅婷可能會歸這位新主管直接管轄。

這個情況讓雅婷懊悔不已，為什麼當時不選擇跳槽去美惠的公司呢？錯失轉到另一個舞台的絕佳機會，現在落得被人安排、進退兩難的處境。

「停止增值」就會失去職場優勢

相信每個做過投資的人都清楚，好的投資標的通常具有「未來性」，也就是：預期這個投資標的持續增值！而當投資標的無法繼續增值或是有貶值風險，我們就會考慮「減持」或「處分」這類資產，以獲利了結或是降低損失。

這樣的概念轉化成公司與人才之間的關係，也是相同的道理。我們就像是公司的資產，如果你是持續能夠增值的資產，自然能在公司保持最佳的競爭優勢，避免自己落入消極被動的狀況。若是遭遇工作上的不順利或是不公平對待時，不妨從這個角度來思考：你對於公司而言是一個「潛力股」，還是「地雷股」？

薪水買不到發揮增值潛力的舞台

想展現自己增值的潛力，表示你需要可以發揮的舞台！一個好的工作不只是提供滿意的薪酬或是具安全感的保障，而是無論任何時候，都讓你在工作中能激發創意、促進你學習與成長、與更多優秀的人一起共事。這些隱性的環境因素，遠比有形的薪資福利更關鍵。

一旦你習慣待在無需激烈競爭的環境中，將會降低對自我的要求，忘了鞭策自己全力進化。「物競天擇」的道理人人都懂，但是人難免安於一個舒適的環境，迴避競爭以降低被淘汰的風險，甚至誤解這就是「適者生存」的因應之道。但是當你無法持續逆流而上，進入另一個可以創造價值的新挑戰，最終將陷入成長停滯的窘境，失去競爭力！

轉職前要考慮的三個問題

1. **面對現有的工作**：這是一個你喜歡且能有所發揮的企業與工作嗎？你在這一個工作崗位上，正在持續成長並創造出價值嗎？
2. **面對你自己的心**：誠實地問自己是否在現有工作上盡了全力？你仍對這一份工作及這一家公司抱有熱情嗎？
3. **面對新的機會**：新的機會對你而言充滿樂趣嗎？而這一個新的機會、新的領域，具有高度發展潛力嗎？

以上三個問題經過你縝密的思考後，可以作為是否選擇轉職的參考。其中最重要的是你對於現有的工作態度與熱情，一旦失去了熱情，這份工作將不再會讓你覺得愉快、全心投入且充滿成就感，那麼這份工作將成為例行公事或是開始貶值的投資。

其實無論是否有跳槽機會，反省自己對現有的工作熱情都是重要的事情。即便沒有跳槽或是離開現有的工作，還是能透過跨領域學習或是轉調挖掘新的成長機會。如果企業與人才都能不斷地檢視彼此是否持續提升自己的價值，那麼企業的競爭力與創新能量必將不虞匱乏。

「學習」是不讓自己停滯的好方法

不管面對的是順境的發展或逆境的挑戰，與其終日天人交戰地思考是否要轉戰其他機會或突破自己現在的困境，不如反思有一項工作必須不斷持續進行且不能終止，就是學習！

1. **學習新知**：讓新的資訊、新的技術、新的趨勢、新的觀念不斷豐富我們，使我們在工作能力上持續精進，判斷與決策上更能精準無誤。
2. **學習謙虛**：工作上的成功不等於我們什麼都比別人成功，懂得尊重身邊的每個人，你將會得到真誠地對待和別人真心的尊重，也幫助你不會錯失生命中的每一位貴人。

3. **學習忍耐：**每一次的挫折或挑戰，如果你能夠克服或是突破，就會是再一次的破繭與成長，所以不要因為情緒而快速地做出重大決定，要能忍他人不能忍的氣，才能避免犯下不應該犯下的錯。

總結而言，不要因為資深而覺得自己就能一成不變地待在舒適圈中，要能夠不斷審時度勢讓自己處於「保值」或「增值」的狀態，才是讓自己不會被淘汰的最佳保障。

54 ▼高階主管必備的五大特質，你有幾項？

董事會召開在即，楷宸審視著財務部提供的上半年營收及獲利，心裡面擔心底下的一級主管營業報告未竟完備，該怎麼去解釋實績與目標的差距……。

這時候業務副總志祥來電，提醒上一次董監事們對於研發副總浩偉的表現頗有微詞，希望楷宸盡速物色更理想的人選，但到目前為止，這一方面一直沒有新的進展，開會時難免會再提起。

楷宸很清楚自己的困境：公司讓他這個資深副總承擔整個事業群的管理權，就必須貢獻最大的成長，但是團隊的中堅幹部尚未成熟到能負擔如此巨大的期望，幾個重要的工作究竟該讓誰來承擔？

太資淺的怕他們鎮不住、扛不起來，年紀太大的幾位又擔心他們有待退之心或是高層覺得自己的組織不夠年輕化，種種考量讓他舉棋不定，陷入兩難。

高階經理人應該具備什麼特質？

企業高階主管不是員工逐步晉升就是外部空降，但無論內升或是空降，該如何在眾多人才中選拔出真正優秀的領導者？在企業觀察多年，我認為具備下列特質的人才適合擔任高階主管。

一、正面能量的領導力

領導者應該是帶給團隊希望及指引方向，並鼓勵大家願意付出和攜手前行，所以正能量永遠都不嫌多！凡事都能正面思考、樂觀面對的人，比其他人更具備抗壓性，也會有強大的領導特質。因為正面的能量有最強的感染力，只要讓團隊跟著一起保持正面思考，組織的氛圍和效能會比負面思考領導者帶領的團隊強過數倍。

二、充滿好奇的創造力

位居高位者最怕「偏聽」和「剛愎自用」。這兩種行為會使決策品質下降，最終犯下無法補救的重大錯誤。所以越是身負重任、位高權重，越要如臨深淵、如履薄冰，不該將自信變成無限大的能力，而是更應該對各種事物保持好奇，願意傾聽別人的意見及學習新的事物，以免自己與基層實務脫節而不自覺。也唯有如此，高階主管與基層的創意和執行能力才能保持同步狀態。

三、務實細心的計畫力

許多高階主管常會犯下的一個錯誤：好大喜功！一旦被多數人捧著、順著、不敢稍有違逆，時間久了就會相信自己的判斷是對的，自然習慣性放大個人喜歡做的事情，相信自己期望完成的工作就是偉大的成就。但這樣的迷失會形成感知與實務上的落差，導致組織虛耗、空轉，白忙一場。

所以一個好的高階主管應該以務實為先，能夠有耐心瞭解細節，願意放下身段去溝通與聽取基層的聲音，做出最適切的計畫和判斷。

四、高度自律的執行力

再好的計畫如果沒有落實執行，結果必定是浪費時間。許多時候企業經營最欠缺的不是好的想法和計畫，因為多數計畫都有參考依據，無論是參考過去的紀錄或經驗，或是學習其他企業的方法，但同一套計畫交給不同的執行團隊，得到的結果可能產生極大的差別，關鍵就在執行力。

一位好的經營主管必須以身作則，堅持將事情做到最好，而不是遇到困難就退縮，過去的成功案例中，從未有馬馬虎虎的經營者能夠獲致巨大成功的。

五、相信科學的決斷力

高階主管面對重大決策時，必須承受巨大的情緒壓力，如變革中的人事更迭、重大投資抉擇的兩難、企業轉型的捨棄與開創，都會牽扯到人的情感、利益和風險，還要背負從業同仁的期待與責難。要在這些可能的壓力底下做出正確的決策，一個相對理性的性格與願意相信科學的態度，會有一定的助益。避免因壓力而失去理性判斷的能力，最好的方法就是不斷進行反覆的練習，藉由數據、科學化訓練自己的決策品質。

人才競爭永不休止

無論哪一種的企業文化，為因應企業的永續經營，人才培育及世代交替接班是一個永遠不會停止的活動。無論你要在目前任職的公司戮力向上，或是跳槽其他企業謀取高位，都應該好好思考上述的特質，你自己究竟具備了幾個？

55 ▼ 用「USB原則」評估該不該跳槽

「嗨，柏宇好久不見了！最近好嗎？」電話另一端傳來熟悉的聲音，柏宇霎時間反應不過來聽不出來對方是誰，只是嗯嗯啊啊地應付著！對方接著說：「柏宇，我是宇威啦！我現在已經跟著我的前老闆加入了一個集團公司，有沒有興趣一起過來拚一下？」

柏宇心裡想著：最近才覺得公司策略總是翻來覆去，搞得大家越來越難做，馬上就有一個新的機會找上門來，不禁有些心動……。但是冷靜地細細回想，這兩、三年來公司離職的幾個同事，換了新工作多數撐不過一、兩年就又轉換跑道，市場上的景氣似乎並沒有好到隨時隨地都可以另起爐灶，快速建立一個新的發展機會，自己真要冒這個風險嗎？

別因為不滿意現況而跳槽

許多資深工作者，因為中年轉職而落得晚景悽涼，不外乎兩種情況：一是被迫離開，另一種則是自己一時衝動，而這兩種都是在當事者缺乏充分準備下發生的，因此最終結果多數是離職後每況愈下。

一時衝動離職是最不值得學的一個狀況，無論是企業或任何型態的組織，在運作過程中總會有不同節奏與策略變化，一時的高低起伏對個人而言都是正常的現象，作為組織中的一分子必須理解並以平常心面對，千萬不要因為順心如意就心高氣傲，更不需要因為短暫的不順遂或是壓力就萌生去意，畢竟一個巨大的成就都必須有深入且長期的投入才能夠獲致。

清楚自己的能力與最大價值

在決定自己是否應該轉換到下一個跑道之前，最重要的一件事就是清楚自己的能力與最大價值，特別是在盤點自己能力與價值時，應包括「顯性」與「隱性」兩大領域。顯性的部分，如本職學能、工作經歷、專業證照等。隱性部分則有：第二專長、學習履歷、人脈關係、產業影響力等。

特別是在隱性的能力與價值部分，因為這些隱性的能力與價值並無法對你的工作產生立即性的貢獻，所以多數人鮮少認真思考及努力去積累，也因此，當你在轉換工作時也只能在原有的領域中打轉，而自己的價值也會因為專業的限制而受限。

因此不要因為自己的專業而自我設限，要勇於接受工作中給予自己的各種挑戰及新嘗試，並且不斷學習新的專業與知識，廣為經營自己與工作相關的人際關係，並且拓展在產業中的人脈以建立影響力。

掌握USB原則！跳槽不再是另找舒適圈

跳槽的最大誘因除了薪酬增加之外，最應該深入思考的是：能否藉此得到更大的舞台，讓職涯獲得更大成長與成功。以下提供一個基本的USB評估原則做參考：

1. **成長潛力**（up trend rule）：相較於既有的產業或企業，應該選擇轉進一個成長潛力更大的產業或企業，不要因為薪酬較高而忽略產業及企業的發展趨勢。

2.永續發展（**sustainable rule**）：選擇轉進的產業與企業的永續性應高於既有的工作，除非你是加入新創公司，其商業模式過去未曾出現過，否則轉職當然必須考慮工作的穩定發展。

3.發揮空間（**big arena rule**）：當你要放棄原先累積的一切，轉進一個新的機會去重新開始，除了大環境及相對條件以外，更重要的當然就是自己可以發揮的空間是否變大了？扮演的角色重要性是否提高了？自主的權限是否提升了？這些最終當然也就決定了你的成就感，以及學習機會是否也同步增加。

如果經過前述的USB原則評估過後，值得你轉職去接受挑戰，那麼一個健全且積極的心態會決定這個抉擇最終能否成功，特別是：不要在轉換工作後還想著前一份工作有多麼駕輕就熟！過去的工作量及壓力都比較輕……。每一份工作就是一個目標與承諾，一旦接受挑戰就要有全力以赴、使命必達的決心，唯有如此才能展現專業經理人的態度。

做好職涯規劃，轉換跑道才是福

其實，在一個產業中會有同業或是跨業來挖角，某種程度代表自己在產業中有值得肯定的風評，因此不必因為被挖角就覺得心煩意亂，或每次都要心猿意馬地陷入天人交戰，只要有清楚的職涯發展計畫，清楚知道自己的能力與價值，一旦好機會降臨，也就能夠即時掌握。

反之，若自己缺乏清楚的生涯規劃，也沒有積極發展自己的能力與價值，只是停滯在原有的能力水平不願提升，即使不斷轉換跑道，也只是徒勞無功，反而讓人覺得缺乏職場倫理與忠誠，就算有人挖角也未必是福。

56 ▼ 三種作為，避免淪為優退對象

「聽說了嗎？今年公司又有資深員工優退方案！」「是啊，人資部好像還有提供建議名單給各部門主管。」「聽說志強也在名單中，其實他沒多老，只是年資比較久而已，看來公司真的很希望組織年輕化……」

志強在茶水間門口意外聽見同事們的閒聊，心裡一陣惶恐，想到自己這麼多年為公司拚搏，沒埋怨過升遷不如別人也沒動過跳槽的念頭，更別說每天早早進辦公室，常常最晚才離開，這些努力和付出卻敵不過一個年輕化的政策，淪為「優惠退休」的名單之一，真的覺得自己很傻、很不值得！「為什麼是我？我究竟做錯了什麼？」「接下來我該怎麼辦？」

你必須知道的「員工汰換原則」

企業成長的過程如同一支職業棒球隊，從小聯盟、大聯盟、一直拚到獲得總冠軍。沒有人能夠預測何時可以獲致這個偉大的目標，但可以肯定的一件事情就是這支球隊會有許多球員，加入球隊、被交易到其他球隊、受傷離開或是光榮退休，所以**企業員工就像是職業球員一樣，必須清楚知道自己在球隊中應該扮演的角色**。

沒有一位成功的職業球員是每一場比賽都上場，但卻從未幫助團隊獲勝，因此**你必須思考如何讓自己成為贏球的關鍵！**而企業經營的贏球就是「獲利」，如果我們能夠理解這個最根本的道理，就不難理解公司推動各項政策的原因。以這樣的概念來推論，企業汰換員工的原則其實已經可以清楚揭示如下：

1. **工作績效不佳**（lower performance）：即便你過去對公司有許多貢獻，當現在的**工作表現在團隊中屬於「後段班」**，就沒有組織願意長期容忍績效不佳的員工，因為這將會嚴重影響組織運作的公平性。

2. **產值太低**（lower productivity）：「你對公司的貢獻」扣除「你得到的薪酬」後，和其他人相比偏**低**。

3. **缺乏潛力**（less potentiality）：公司在未來的發展過程中，**對於你的能力需要程度是偏低**，或是有其他人可以輕易取代你可以發揮的功能。

4. **高潛在風險**（higher risk）：你對於公司的經營策略、未來發展方向**缺乏認同**，或是你的團隊合作精神不佳，導致跨部門的溝通衝突不斷，對於組織轉型改革可能造成阻礙。

如何遠離中年職場危機？

其實，**除非該項工作是以「勞力」決定工作品質，否則少有公司會只看年齡就決定員工的去留**，所謂的「年輕化」也只是一個代名詞，背後的意義泛指：觀念和能力是否與時俱進？工作態度和學習精神是否仍充滿熱情？這些都是企業引進年輕世代希望能帶來的氣象。**如果我們已具備這些特質，哪裡需要擔憂自己會被淘汰？**

至於**如何將前述的特質轉化成具體的行動**，讓公司有感，以下幾點供大家參考：

1. **積極任事，追求績效持續成長**：無論擔任什麼工作或職務，都要**善盡職務應有的責任**，努力將績效做到領先組織中的其他人，甚至是勝過其他競業。唯有績效表現才是職場的最佳保障。

2. **勇於跨域，邁向多元功能**：多元競爭的社會與資訊爆炸的時代，專業能力只是基本的要求。如果能夠**跨業思考、具備多元的能力**，也代表你保持與資訊同步更新的敏捷性，越不易被快速進步的新科技、新思維所淘汰。

3. **樂於學習，深度與廣度兼具**：長期投入特定專業的工作，最容易形成慣性思考與本能性的行為反應，我們稱之為「BAU反應」。BAU反應最容易對創新的機會無感，導致錯失機會，為免落入此陷阱，應不斷**提醒自己積極學習新事物，接觸廣泛、多元的訊息**。

化被動為主動，累積職場身價

當我們的職涯進到下半場，更要懂得累積自己的職場身價。如果你能被打聽的經歷就是現有的這份工作，那麼針對這份工作的評價，就是你的身價。**冷靜地想一想，當你失去了你現在擁有的職銜，還具備哪些足以吸引其他雇主的資歷？**

「主動」是讓職涯發展不會陷入「被動」的最佳方法，無論是在現有工作上主動積極的表現，或是投資自己在能力與資歷上的積累，都仰仗長期且持之以恆的努力。在面臨巨變或是抉擇時，也要避免自己被動地「接受」無法拒絕的結果，相反地，要經過縝密思考，**採取主動以創造自己最大的空間**。

BW0743

總經理解密主管學
全方位主管職場實戰

作　　者／郭憲誌
編輯協力／李　晶
責任編輯／鄭凱達
企畫選書／陳美靜
版　　權／黃淑敏、翁靜如
行銷業務／莊英傑、周佑潔、王　瑜、黃崇華

總　編　輯／陳美靜
總　經　理／彭之琬
事業群總經理／黃淑貞
發　行　人／何飛鵬
法律顧問／台英國際商務法律事務所　羅明通律師
出　　版／商周出版
臺北市104民生東路二段141號9樓
電話：(02) 2500-7008　傳真：(02) 2500-7759
E-mail: bwp.service @ cite.com.tw
發　　行／英屬蓋曼群島商家庭傳媒股份有限公司　城邦分公司
臺北市104民生東路二段141號2樓
讀者服務專線：0800-020-299　24小時傳真服務：(02) 2517-0999
讀者服務信箱E-mail: cs@cite.com.tw
劃撥帳號：19833503　戶名：英屬蓋曼群島商家庭傳媒股份有限公司城邦分公司
訂購服務／書虫股份有限公司客服專線：(02) 2500-7718；2500-7719
服務時間：週一至週五上午09:30-12:00；下午13:30-17:00
24小時傳真專線：(02) 2500-1990；2500-1991
劃撥帳號：19863813　戶名：書虫股份有限公司
E-mail: service@readingclub.com.tw
香港發行所／城邦（香港）出版集團有限公司
香港灣仔駱克道193號東超商業中心1樓
電話：(852) 2508-6231　傳真：(852) 2578-9337
馬新發行所／城邦（馬新）出版集團
Cite (M) Sdn. Bhd.
41, Jalan Radin Anum, Bandar Baru Sri Petaling, 57000 Kuala Lumpur, Malaysia.
電話：(603) 9057-8822　傳真：(603) 9057-6622　E-mail: cite@cite.com.my

封面設計／FE Design葉馥儀
內頁設計／無私設計・洪偉傑
印　　刷／鴻霖印刷傳媒股份有限公司
經　銷　商／聯合發行股份有限公司　電話：(02) 2917-8022　傳真：(02) 2911-0053
地址：新北市新店區寶橋路235巷6弄6號2樓

■2020年5月7日初版1刷　Printed in Taiwan

國家圖書館出版品預行編目（CIP）資料

總經理解密主管學：全方位主管職場實戰／郭憲誌著. -- 初版. -- 臺北市：商周出版：家庭傳媒城邦分公司發行, 2020.05
面；　公分
ISBN 978-986-477-823-2（平裝）
1. 企業領導　2. 組織管理
494.2　109003886

定價380**元**
ISBN 978-986-477-823-2